DK 669.162.054.82/.83 669.162.8

FORSCHUNGSBERICHTE
DES WIRTSCHAFTS- UND VERKEHRSMINISTERIUMS
NORDRHEIN-WESTFALEN

Herausgegeben von Staatssekretär Prof. Dr. h. c. Leo Brandt

Nr. 407

Prof. Dr.-Ing. Hermann Schenck
Dr.-Ing. Werner Wenzel

Entwicklungsarbeiten auf dem Gebiete der Verhüttung
von Erzstaub in Schmelzkammern

Als Manuskript gedruckt

WESTDEUTSCHER VERLAG / KÖLN UND OPLADEN

1957

ISBN 978-3-663-03627-2   ISBN 978-3-663-04816-9 (eBook)
DOI 10.1007/978-3-663-04816-9

Forschungsberichte des Wirtschafts- und Verkehrsministeriums Nordrhein-Westfalen

G l i e d e r u n g

I. Aufgabenstellung . . . . S. 5

II. Versuche über die Nachreduktion von Schmelzkammerschlacken . . . . S. 9

  1. Versuche zur Ausreduktion von Schmelzkammerschlacken im Koksfilter . . . . S. 10

  2. Kleintechnische Versuche zur Ausreduktion von Schmelzkammerschlacken im Drehflammofen . . . . S. 13

  3. Großtechnische Versuche zur Ausreduktion von Schmelzkammerschlacken im Drehtrommelofen . . . . S. 24

III. Großversuch über das Verhalten von Schmelzkesseln gegenüber Eisenerzen . . . . S. 38

IV. Versuche zur Verhüttung von Eisenerzen im Schmelzzyklon . . . . S. 51

V. Zusammenfassung . . . . S. 69

I. Aufgabenstellung

Das klassische Verfahren für die Gewinnung von Eisen aus dem Erz: der Hochofenprozeß stellt an die Stückigkeit seiner Rohstoffe bestimmte Ansprüche, die ausschlaggebend sein können, ob ein Rohstoff für dieses Verfahren geeignet ist oder nicht. Der Hochofenprozeß setzt voraus, daß - abhängig von den sonstigen, insbesondere chemischen Eigenschaften des betreffenden Stoffes - eine gewisse Mindestkorngröße eingehalten werden muß. Aus diesem Grunde sind kleinkörnige oder gar staubförmige Erze und kleinkörnige oder staubförmige Brennstoffe sowie flüssige und gasförmige Brennstoffe für die direkte Verwendung im Hochofen nicht geeignet oder können nur mit einem relativ begrenzten Prozentsatz an dem insgesamt durchzusetzenden Rohstoff zur Anwendung gelangen.

Die starke Ausweitung der Eisenindustrie - insbesondere auch in bisher unterentwickelten Ländern - hat zur Folge, daß immer mehr Rohstoffe sowohl erzseitig als auch brennstoffseitig herangezogen werden müssen, die für den klassischen Hochofenprozeß wenig oder garnicht geeignet sind. Es sind eine ganze Reihe von Hilfsverfahren entwickelt worden, die kleinkörnige oder staubförmige Erze in ein stückiges Einsatzgut für den Hochofen umwandeln. Diese Hilfsverfahren sind mit erheblichen Investierungs- und Betriebskosten belastet: sie erhöhen im allgemeinen die erzseitigen Rohstoffkosten um 15 bis 20 %. Um Eisen mit Hilfe nicht hochofengerechter Brennstoffe erzeugen zu können, sind gleichfalls eine größere Anzahl von Verfahren entwickelt worden, die unter bestimmten Umständen geeignet sind, an die Stelle des Hochofenprozesses zu treten. Es handelt sich einerseits um Drehofenverfahren mit meist flüssigem Austrag der Reaktionsprodukte und des weiteren um Gasreduktionsverfahren, die in Schachtöfen durchgeführt werden und bei denen ein als Zwischenprodukt anzusprechendes festes Schwammeisen erzeugt wird.

Die vorliegende Entwicklungsarbeit geht von den folgenden Grundgedanken aus:

1. Der Eisenindustrie soll ein Verfahren zur Verfügung gestellt werden, das hinsichtlich des anzuwendenden Brennstoffes möglichst universell ist; d.h. das sowohl mit festen und flüssigen Brennstoffen als auch mit gasförmigen Brennstoffen arbeiten kann.

Forschungsberichte des Wirtschafts- und Verkehrsministeriums Nordrhein-Westfalen

2. Es ist vorteilhaft, ein Verhüttungsverfahren zur Verfügung zu haben, das kleinkörnige bis staubförmige Erze ohne eine Stückigmachung verarbeiten kann.

3. Da die Weiterverarbeitung des zu gewinnenden Eisens im weitaus überwiegenden Maße über dessen flüssigen Zustand geht, ist es zweckmäßig, ein Staubverhüttungsverfahren zu entwickeln, das direkt flüssiges Eisen herstellt im Gegensatz zu den bekannten Verfahren, die lediglich ein mehr oder minder ausreduziertes Schwammeisen erzeugen.

4. Die direkte Verhüttung von Erzstaub zu flüssigem Eisen knüpft vorteilhaft an die bereits vorangegangenen und weitgehend abgeschlossenen Entwicklungen auf Nachbargebieten der Hüttentechnik an: dem Dampfkesselbau und der Kohlevergasung.

Es sind seit nunmehr mehreren Jahrzehnten Dampfkessel im Gebrauch, bei denen der Kohlenstaub mit so hoher Temperatur verbrannt wird, daß die Schlacke flüssig anfällt und flüssig aus dem Kessel ausgetragen wird. Das zu entwickelnde Staubverhüttungsverfahren macht sich die bei dem Betrieb solcher Schmelzkessel gewonnene Erfahrung zunutze, daß aus der Kohlenasche im Schmelzkessel ständig geringe Mengen metallisches Eisen herausreduziert und in flüssiger Form abgeschieden werden. Offensichtlich sind derartige Schmelzkessel in der Lage, eine gewisse Reduktionsarbeit an Eisenoxyden zu leisten. Um zu einem Staubverhüttungsverfahren auf dieser Grundlage zu kommen, ist es erforderlich, die günstigsten Bedingungen für eine solche Reduktionswirkung von Schmelzkesseln aufzufinden und zu nutzen.

Eine der Möglichkeiten, die Reduktionswirkung von Schmelzkesseln zu vergrößern, besteht darin, daß man die Kohle unter Hinzufügung von Erzstaub zunächst unter so großem Luftmangel verbrennt, daß eine reduzierende Atmosphäre entsteht und daß man die vollständige Verbrennung erst mit Zweitluft durchführt, nachdem eine ausreichende Reduktionswirkung eingetreten ist. Wenn man auf die Verbrennung mit Zweitluft verzichtet, kommt man zwangsläufig auf ein Schmelzkammer-Vergasungsverfahren, dessen Abgas brennbare Gase bilden. Solche Schmelzkammer-Vergasungsverfahren sind unter dem alleinigen Ziel der Vergasung kleinkörniger bzw. staubförmiger Kohlen bis zur Betriebsreife entwickelt worden. Im Rahmen der vorliegenden Entwicklung wird eine Abänderung der bekannten Schmelzkammervergasung in der Form angestrebt, daß der staubförmigen Kohle staubförmiges Eisenerz beigegeben wird, so daß neben der Vergasung die Ausreduktion des Erzes erfolgt.

Das auf der Grundlage der Erfahrungen des Schmelzkessels und der Schmelzkammer-Staubvergasung zu entwickelnde Staubverhüttungsverfahren hat die folgenden Merkmale:

Das Erz gelangt mit einer noch zu bestimmenden, jedenfalls aber kleinen Korngröße zur Anwendung, die in der Größenordnung des normalen Kesselbrennstaubes liegt. Der Erzstaub wird gemeinsam mit dem Brennstoffstaub in eine Schmelzkammer eingeblasen. Hier findet eine mehr oder minder weitgehende Reduktion der Eisenoxyde statt, deren Ausmaß von den bestehenden Bedingungen abhängt. Die Reaktionsprodukte - Eisen und Schlacke - werden flüssig an den Wänden der Schmelzkammer abgeschieden und verlassen die Schmelzkammer in flüssiger Form. Die Abgase der Schmelzkammer werden entweder in einem nachgeschalteten Kesselsystem ausgenutzt oder sie dienen unter Ausnutzung ihres Heizwertes als Brenngase für andere Prozesse.

Es ist bereits erkennbar, daß in dieser relativ einfachen Form bei der Staubverhüttung in Schmelzkammern das Eisen nur den Wert eines Nebenproduktes haben kann, da der Heizwert des aufgewandten Brennstoffes zum größten Teil in den Abgasen der Schmelzkammer enthalten ist und für die Energieerzeugung oder Brenngaserzeugung ausgenutzt wird. Ein solcher Staubverhüttungsprozeß, bei dem Eisen als Nebenprodukt gewonnen wird, hat eine erhebliche wirtschaftliche Bedeutung. Es gehört weiterhin aber zu den Aufgaben der vorliegenden Entwicklungsarbeit, diejenigen Maßnahmen zu erproben, die dazu führen, daß die Abfall- bzw. Überschußenergie verringert wird, um zu einem minimalen Brennstoffverbrauch pro t ausgebrachtes Eisen zu kommen. Als solche Maßnahmen stehen zur Verfügung:

> hohe Vorwärmung der Verbrennungsluft; Anreicherung der Verbrennungsluft mit Sauerstoff;
> Vorreduktion der Erze unterhalb der Sintertemperatur, insbesondere mit den Schmelzkammerabgasen.

Die wichtigsten bei dem zu entwickelnden Schmelzkammer-Staubverhüttungsverfahren zu lösenden Probleme sind die folgenden:

Forschungsberichte des Wirtschafts- und Verkehrsministeriums Nordrhein-Westfalen

1. Die Aufenthaltszeit der durch die Schmelzkammer gehenden Stoffe in dem Bereich hoher Temperaturen ist sehr klein. Es ist erforderlich, daß die Reduktion des Erzstaubes während dieser kurzen zur Verfügung stehenden Zeit erfolgt. Dies gilt jedenfalls bei solchen Schmelzkammerverfahren, bei denen die festen bzw. flüssigen Stoffe ständig in dem Trägergas suspendiert sind. Die zum Teil sehr hohen Schmelzkammertemperaturen (bis 1800°C) verursachen zwar große Reaktionsgeschwindigkeiten; immerhin aber dürfte die Anwendung des Erzes in möglichst feinkörniger Form erforderlich sein. Etwas anders liegen die Verhältnisse bei solchen Schmelzkammerausbildungen, bei denen ein Gaswirbel von hoher Geschwindigkeit erzeugt wird, der es ermöglicht, daß gröbere Feststoffpartikel u.U. längere Zeit in der Randzone des Wirbels gehalten werden.

2. Gegenüber dem Hochofenprozeß sind Schmelzkammerverfahren dadurch benachteiligt, daß die Gegenstromvorwärmung der Rohstoffe im Schacht wegfällt und außerdem die Gasreduktion der Eisenerze im Schacht. Dies bedingt einen erheblich höheren Brennstoffverbrauch der Schmelzkammer-Staubverhüttung, sofern man nicht in der Lage ist, die zwangsläufigen Vorteile des Hochofens - Vorwärmung und Vorreduktion - durch besondere Maßnahmen für das Staubverhüttungsverfahren ebenfalls herbeizuführen.

3. Die Auskleidung der Schmelzkammer ist einem ständigen Angriff von Eisenoxyden bei hohen Temperaturen ausgesetzt. Aus der Praxis der Schmelzkammer ist bekannt, daß bestiftete, wasserdurchflossene Rohre, die mit einer keramischen Schicht überzogen sind, diesem Angriff ausreichenden Widerstand leisten. Hieraus ergibt sich zwangsläufig, daß die Erzstaubverhüttung in solchen Schmelzkammern mit der Dampferzeugung eng verknüpft ist, wenn man es nicht im Laufe der Entwicklung lernt, die Wände von Schmelzkammern aus anderem Material aufzubauen, das keiner intensiveren Wasserkühlung bedarf. Es war bei Inangriffnahme dieser Entwicklung ungeklärt, wie sich Schmelzkessel bei einem Zusatz größerer Eisenerzmengen zur Kesselkohle verhalten, insbesondere ob die Ablagerungen von Flugstaub und kondensierbaren Bestandteilen auf den nachgeschalteten Kesselheizflächen beherrschbar bleiben.

4. Nach den bei der Inangriffnahme dieser Entwicklung vorliegenden Erfahrungen ist es unwahrscheinlich, daß es gelingt, in der Schmelzkammer eine vollständige Ausreduktion des in diese eingeführten Eisenerzes zu erreichen. Die turbulenten Verhältnisse in einer solchen Schmelzkammer haben

voraussichtlich zur Folge, daß stets in gewissen Bereichen stark oxydierende Bedingungen vorherrschen und daß auf diese Weise Eisenoxyd in die aus der Schmelzkammer ausfließende Schlacke eingebunden wird. Es ist deshalb ein wichtiges Problem, in möglichst einfacher Weise eine vollständige Nachreduktion solcher flüssiger Schmelzkammerschlacken im Anschluß an den Schmelzkammerprozeß durchzuführen.

Die bisherigen Versuchsarbeiten für die Entwicklung des Schmelzkammer-Staubverhüttungsverfahrens wurden in mehreren Abschnitten durchgeführt. Die Reihenfolge dieser Arbeiten war dadurch bestimmt, daß man zunächst Aufklärung über derartige Verfahrensdetails haben wollte, deren Durchführbarkeit als besonders kritisch angesehen wurde, von denen aber die Durchführung des Gesamtprogramms grundlegend abhängt.

II. Versuche über die Nachreduktion von Schmelzkammerschlacken

In diesem Sinne wurde zunächst die Aufgabe in Angriff genommen, durch kleintechnische und großtechnische Versuche nachzuweisen, daß es möglich ist, eisenoxydhaltige Schmelzkammerschlacken in einem einfachen nachgeschalteten Prozeß vollständig auszureduzieren.

Als Maßnahmen für die Ausreduktion der flüssigen eisenoxydhaltigen Schlacken wurden die folgenden Arbeitsweisen in Betracht gezogen bzw. erprobt:

1. die Filterung der flüssigen Schlacke durch ein hocherhitztes Koksbett;

2. die Behandlung der flüssigen Schlacke mittels festem Kohlenstoff in einem beheizten Drehtrommelofen;

3. die Behandlung der flüssigen Schlacke mittels festem Kohlenstoff in einem seitlich geblasenen Trommelkonverter oder einem Konverter anderer Form.

Die Versuche nach 1. wurden bei der Firma L. & C. Steinmüller in Gummersbach durchgeführt; die Versuche nach 2. im kleintechnischen Maßstab ebenfalls in Gummersbach und im großtechnischen Maßstab bei der Duisburger Kupferhütte in Duisburg. Die Arbeitsweise nach 3. wurde bisher nicht versuchsmäßig erprobt, da die Versuche nach 2. mit einem befriedigenden Ergebnis abgeschlossen werden konnten.

Forschungsberichte des Wirtschafts- und Verkehrsministeriums Nordrhein-Westfalen

1. Versuche zur Ausreduktion von Schmelzkammerschlacken im Koksfilter

Die Versuche wurden durchgeführt bei der Firma L. & C. Steinmüller in Gummersbach. Diese Firma stellte hierfür einen kleinen Kupolofen (ca. 600 mm lichte Weite) und einen Drehflammofen (ca. 1 cbm Badraum) zur Verfügung.

a) Versuchsanordnung

Um das Koksbett über eine größere Höhe genügend heißblasen zu können, wurde der Kupol-Ofen mit einem zweiten Ring von Blasformen ausgerüstet, der ca. 1500 mm über den Hauptblasformen angeordnet war.

In dem mit Öl beheizten Drehflammofen (Typ Fulmina) wurde die eisenoxydreiche Schlacke erschmolzen, sodann in eine Pfanne abgegossen und in dieser auf die Gichtbühne des Kupol-Ofens transportiert. Hier wurde die Schlacke über eine Rinne auf die Oberfläche des heißgeblasenen Koksbetes des Kupol-Ofens aufgegossen. Nach kurzer Zeit wurde der Abstich geöffnet und Eisen und Schlacke in eine Pfanne abgezogen. Es wurde die Eisenanalyse der Ausgangsschlacke und der Endschlakce festgestellt und aus der Differenz auf die Wirksamkeit des Koksfilters geschlossen.

b) Versuchsdurchführung

Es wurden vier Versuche mit Koksfilter gefahren: Als Eisenträger wurde ein Sintererz eingesetzt mit der folgenden Zusammensetzung:

SiO_2	15 %
CaO	8 %
Al_2O_3	7 %
Fe_2O_3	60 %
Fe	4,2 %

Der Fulmina-Ofen war mit 450 kg Sintererz gefüllt. Die Schmelzdauer hierfür betrug 2 Stunden. Teerölverbrauch 150 l. Eine Eisenprobe konnte man nicht nehmen. Mit dem Probeschöpfer bekam man nur Schlacke. Die Schmelze aus dem Fulmina-Ofen war gut flüssig und vergießbar. Beim Abstich wurde mit dem Pyropter (H. & Br.) eine Temperatur von $1500^\circ C$ gemessen.

Die Kupolofen-Anheizzeit betrug 40 min;
die Zeit zwischen Abstich Fulmina-Ofen und
Eingießen im Kupol-Ofen 10 min;

das Einfüllen in den Kupol-Ofen 2 min;
der Durchfluß 5 min;
der Koksverbrauch betrug 500 kg (Stückgröße etwa 90 mm);
der Kalksteinverbrauch 60 kg.

Das Schmelzgut aus dem Kupol-Ofen wurde in die Gießerei gefahren und in Kokillen vergossen; Temperatur 1340°C. Das Ausbringen ist ein Eisen-Schlackengemisch von etwa 300 kg, die übrige Schlacke ist vermutlich an den Ofen und am Koks angebacken.

Die Analyse des Schmelzgutes zeigt 35 % Fe.

In einem weiteren Versuch wurde der Kupol-Ofen mit Koks kleinerer Körnung gefüllt. Die Ergebnisse waren die folgenden:

Anheizzeit des Fulmina-Ofens 1/2 Stunde;
Schmelzzeit "   "   " 2 Stunden;
Teerölverbrauch 210 l.

Die Schmelze war gut dünnflüssig.

Die Kupolofen-Anheizzeit betrug 3 Stunden;
Die   "   Blaszeit   " 1 Stunde;

Koksverbrauch = 400 kg (Korngröße bis 50 mm)
Kalksteinverbrauch = 60 kg.

Die erste Probe aus dem Fulmina-Ofen hatte 42,4 % Fe;
die zweite "   "   " Kupol-Ofen   " 39,4 % Fe.

Die Schmelzschlacke aus dem Kupol-Ofen war gut dünnflüssig und lief gut aus dem Stichloch.

Schließlich wurde noch ein Kontrollversuch gefahren mit festem Einsatz von Sintererz auf eine hocherhitzte Kokssäule. Die Höhe der Kokssäule war - wie bei allen anderen Versuchen - 3,5 m. Es wurden 120 kg Sintererz mit 20 kg Kalkstein auf die volle Kokssäule gesetzt. Dann wurden 30 kg Zwischenkoks gegeben und nochmals 120 kg Sintererz. Das Herunterschmelzen dauerte 20 min. Anschließend wurde das Schlackenloch geöffnet, die Schlacke lief gut ab. Nach weiteren 10 min. wurde das Stichloch geöffnet, das Schmelzgut war sehr dünnflüssig.

Der Koksverbrauch betrug 250 kg (Stückgröße 50 mm), das Schmelzgut hatte 28,2 % Fe!

Um die Reduktionswirkung einer heißgeblasenen Koksschicht auf Schlacken mit geringeren Eisengehalten festzustellen, wurde für einen weiteren Versuch im Fulmina-Ofen eine Schlacke aus Sintererz und Kupolofenschlacke erschmolzen. Die Kupolofenschlacke hatte die folgende Zusammensetzung:

$$SiO_2 \quad 54\,\%$$
$$CaO \quad 24\,\%$$
$$Al_2O_3 \quad 11\,\%$$
$$Fe_2O_3 \quad 6\,\%$$

Die Zusammensetzung des Möllers war die folgende:

Sintererz 180 kg
Kupolofenschlacke 150 kg
Kalkstein 115 kg
Perlkoks 35 kg
_____
480 kg.

Die Anheizzeit des Fulmina-Ofens betrug 1 Stunde;
die Schmelzzeit " " " " 3 Stunden;
Teerölverbrauch 300 l.

Die Schmelze war gut dünnflüssig (1580°C).

Der kleine Kupol-Ofen war wie folgt mit Koks beschickt:

400 mm Höhe Koksstückgröße 90 mm;
300 mm " " 50 mm;
2800 mm " " 20-40 mm.

Durch die dichte Lage des kleinen Kokses mußte beim Vorblasen Preßluft zu Hilfe genommen werden. Beim Blasen wurde langsam die Kokssäule aufgefüllt.

Koksverbrauch 400 kg
Kalksteinverbrauch 60 kg.

Die Kupolofen-Anheizzeit betrug 2 Stunden;
die Kupolofen-Blaszeit betrug 2 Stunden.

Die Flußzeit der Schmelze durch die Kokssäule war 2 min.

Das Schlackenloch wurde beim Eingießen geöffnet, um das Verschmutzen der Düsen zu vermeiden

Die Schmelzschlacke, die etwa 20 min. im Kupol-Ofen war, kam zähflüssig aus dem Stichloch - 1180°C.

Die 1. Probe aus dem Fulmina-Ofen hatte   21,3 % Fe;
"   2.   "   "   "   "   "   "   19,6 % Fe;
"   3.   "   "   " Kupolofen-Schlackenloch hatte 18,4 % Fe;
"   4.   "   "   "   "   "   "   17,0 % Fe!

c) Zusammenfassung

Bei der in Gummersbach gewählten Anordnung ist offensichtlich die Reduktionswirkung einer heißgeblasenen Koksschicht auf die hindurchgegossene Schlacke nicht ausreichend, um eine genügende Verringerung des Eisengehaltes der Schlacke zu erzielen. Insbesondere ist die Berührungsdauer zwischen Schlacke und Koks offensichtlich zu gering. Diese Berührungsdauer ließe sich vergrößern durch eine feinere Verteilung der Schlacke auf der Oberfläche der Koksschicht. Diese Verteilung müßte etwa so erfolgen, daß die Schlacke in bekannter Weise durch einen Dampfstrahl versprüht wird, so daß sie in feinen Tropfen auf das Koksbett gelangt.

Da die versuchsmäßige Durchführung von Maßnahmen für eine feine Verteilung der Schlacke auf dem Koksbett relativ schwierig ist, wurde in weiteren Versuchen die Möglichkeit ausgenutzt, bei Behandlung der Schlacke mit festem Kohlenstoff in einem Drehflammofen die Berührungszeit zwischen Schlacke und Reduktionskohle beliebig lange zu gestalten.

2. Kleintechnische Versuche zur Ausreduktion von Schmelzkammerschlacken im Drehflammofen

Die Versuche im Drehflammofen wurden gleichfalls bei der Firma L. & C. Steinmüller in Gummersbach durchgeführt. Diese Firma stellte für diesen Zweck einen Fulmina-Ofen mit ca. 1 cbm nutzbarem Badraum zur Verfügung. Der Ofen ist mit Öl beheizt. Die Verbrennungsluft wird durch die heißen Abgase des Ofens in einem Rekuperator auf ca. 400° Spitzentemperatur vorgewärmt.

a) Versuchsanordnung

Die zu reduzierende Schlacke wurde zunächst im Fulmina-Ofen eingeschmolzen. Sie wurde jeweils aus verschiedenen Komponenten von Eisenerzen,

Forschungsberichte des Wirtschafts- und Verkehrsministeriums Nordrhein-Westfalen

Schlacken, Kalkstein u.s.w. zusammengesetzt, um eine bestimmte gewünschte Ausgangszusammensetzung zu erhalten. Wenn die gewünschte Ausgangstemperatur in der Schlacke erzielt war, wurde Reduktionskohle in den Ofen gegeben. Als Reduktionskohle diente in den meisten Fällen Perlkoks, ausnahmsweise wurde auch Kesselkohle (Feinkohle) eingesetzt. Aus dem Schlackenbad wurden dann periodisch Proben entnommen und analysiert. Gleichzeitig wurden optisch die Temperaturen gemessen. Die Wirksamkeit der Schlackenreduktion wurde gemessen an der Abnahme des Eisengehaltes der Schlacke pro Zeiteinheit. Die Zustellung des Drehtrommelofens war in den meisten Fällen sauer. Lediglich zwei Versuche wurden mit einer Dolomitstein-Auskleidung durchgeführt.

b) Versuchsdurchführung

Im Drehflammofen wurden bisher acht Versuche durchgeführt.

Versuch 1

Der Möller für die Schmelze des Fulmina-Ofens hatte folgende Zusammensetzung:

Sintererz	180 kg
Kupolofenschlacke	150 kg
Kalkstein	115 kg.

Nachgesetzt wurden in zwei Zugaben zusammen:

Koks	100 kg
Kalkstein	10 kg.

Um nun zu sehen, wie der Eisengehalt der Schmelze in Abhängigkeit von der Reduktionszeit abnimmt, wurden in Abständen von etwa 20 min. Proben entnommen und der Eisengehalt dieser Proben bestimmt. In ungefähr 1 1/2 Stunden wurde der Eisengehalt der Schmelze von etwa 24 % auf 14 % herabgesetzt. Die Temperatur der Schmelze an ihrer Oberfläche betrug 1500°C.

Versuch 2

Der Möller für die Schmelze des Fulmina-Ofens hatte folgende Zusammensetzung:

Forschungsberichte des Wirtschafts- und Verkehrsministeriums Nordrhein-Westfalen

        Sintererz   180 kg
        Kupolofenschlacke 110 kg
        Kalkstein   150 kg
        Flußspat   5 kg.

Nachgesetzt wurden in drei Zugaben zusammen:

        Koks   100 kg
        Kalkstein   15 kg
        Flußspat   10 kg.

Durch einzelne Probenentnahmen aus der Schmelze im Verlauf der Reduktionszeit wurde die Abnahme des Eisengehaltes bestimmt. Die Temperatur der Schmelze an ihrer Oberfläche betrug 1500°C. Das saure Futter des Drehtrommelofens wurde durch die basischen Zuschlagstoffe stark angegriffen und herausgelöst. Wie bei dem ersten Versuch wurde auch hier in ungefähr 1 1/2 Stunden der Eisengehalt der Schmelze von etwa 24 % auf 14 % herabgesenkt.

Versuch 3

In Fortsetzung der früheren Versuche, bei denen der Drehtrommelofen ein saures Futter hatte, wurde nun mit einem basischen Futter gearbeitet. Außerdem wurde der Eisengehalt der Schmelze durch Zugabe von Kirunaerz wesentlich höher gesetzt. Es wurde eine krümelige Schlacke angestrebt, wobei deren Zusammensetzung der Zementherstellung entgegenkommt.

Der Möller für die Schmelze hatte folgende Zusammensetzung:

        Sintererz   130 kg
        Kirunaerz   130 kg
        Kalkstein   75 kg
        blanker Stahlschrott 50 kg
        Perlkoks   150 kg

Die Analysen der Rohstoffe waren:

	Sintererz	Kirunaerz	Kalkstein
SiO_2	13,0 %	2,1 %	0,9 %
Fe_2O_3	73,6 %	96,0 %	6,6 %
Al_2O_3	1,7 %	0,0 %	0,0 %
CaO	8,6 %	2,0 %	

	Sintererz	Kirunaerz	Kalkstein
$CaCO_3$	-	-	91,2 %
MgO	1,2 %	Spuren	0,5 %
SO_3	-	-	Spuren.

Die Koksmenge von 150 kg wurde in drei Teilen zugesetzt und außerdem noch zweimal je 30 kg nachgesetzt.

Um nun zu sehen, wie der Eisengehalt der Schmelze in Abhängigkeit von der Reduktionszeit abnimmt, wurden in Abständen von einer halben Stunde Proben aus der Schmelze entnommen und der Eisengehalt der Schlacke bestimmt.

In 4 Stunden konnte der Eisengehalt der Schlacke von ungefähr 43 % auf etwa 8 % herabgesetzt werden.

Aus dem Drehtrommelofen wurden 100 kg Eisen in die Pfanne abgelassen. Das Eisen enthielt:

$$0,46 \% \quad Si$$
$$4,96 \% \quad C$$
$$0,25 \% \quad Mn.$$

Die Temperatur der Schmelze betrug 1500 - 1580°C.

Versuch 4

Die Versuchsbedingungen waren die gleichen wie beim zweiten Versuch. Es wurden nur zuerst 200 kg Perlkoks zugesetzt und außerdem noch zweimal je 75 kg nachgesetzt. Der Eisengehalt ging in 3 Stunden von etwa 40 % auf 5 % Fe zurück. Aus dem Drehtrommelofen wurden 170 kg Eisen in die Pfanne abgelassen. Das Eisen enthielt:

$$0,05 \% \quad Si$$
$$4,86 \% \quad C$$
$$0,24 \% \quad Mn.$$

Das Sintererz und das Kirunaerz hatten dieselbe Zusammensetzung wie beim vorhergehenden Versuch. Die Temperatur der Schmelze betrug 1380 - 1680°C.

Der Eisengehalt der Schlacke am Ende des vierten Versuches : 6,4 %.

Forschungsberichte des Wirtschafts- und Verkehrsministeriums Nordrhein-Westfalen

Versuch 5

Es wurde wieder mit einem sauren Futter gearbeitet, das später bei der Großausführung verschiedene Vorteile bietet. Nur mit der Temperatur wurde nicht so hoch gegangen wie bei den ersten Versuchen, damit die Ausmauerung der Trommel nicht herausgeschmolzen wird. Es wurde eine krümelige, teigige, zähe Schlacke angestrebt, die den zugegebenen Koks einhüllt. Der Eisengehalt der Schmelze, von der ausgegangen wird, wurde durch Zusatz von Kirunaerz zum Sintererz auf etwa 43 % gebracht.

Der Möller für die Schmelze hatte folgende Zusammensetzung:

> 230 kg Sintererz
> 70 kg Kirunaerz
> 50 kg Stahl
> 200 kg Koks
> 75 kg Koks im Nachsatz.

In Abständen von 30 min. wurden aus der Schmelze Proben entnommen und der Eisengehalt der Schlacke bestimmt. Bei den letzten Proben wurde auch das Eisen untersucht und der Gehalt an C, Si und Mn festgestellt. Mit einem Strahlungspyrometer wurde fortlaufend die Temperatur der Schmelze gemessen und der Ofen so gefahren, daß die Temperatur zwischen 1300 und 1400° lag. Erst am Ende des Versuches wurde die Temperatur der Schmelze auf 1510° gesteigert, damit sich das Eisen besser aus dem Bad absetzt. Etwa 170 kg Eisen wurden flüssig ausgebracht.

Probe	Zeit min.	Temperatur °C	Fe % in der Schlacke	C % der Eisenprobe	Kokszugabe kg
1	0	1525/930	43,2	-	200
2	30	1315	37,7	-	-
3	60	1320	33,8	-	-
4	90	1365	27,9	-	-
5	120	1405	21,8	-	75
6	150	1340	16,8	2,53	-
7	180	1420	14,8	2,91	-
8	210	1450	12,4	3,02	-
9	240	1510	10,3	3,28	-

Die Analyse des erzielten Eisens war in Abhängigkeit von der Reduktionszeit:

	Probe 6	Probe 7	Probe 8	Probe 9
C =	2,53 %	2,91 %	3,02 %	3,28 %
Si =	0,04 %	0,02 %	0,10 %	0,03 %
Mn =	0	0	0	0

Versuch 6

Das saure Ofenfutter wurde auch dieses Mal beibehalten. Die Temperatur wurde so gehalten, daß die Schlacke in krümeligem, teigigem Zustand war. Dadurch wurde erreicht, daß der zugegebene Koks eingehüllt und so höchste Reduktionswirkung erzielt wurde.

Mit den Sintererzen wurde Kesselschlacke eingesetzt, um den Kalkgehalt noch weiter herunterzusetzen und den Bedingungen des vorgeschalteten Kessels der späteren Großausführung immer näher zu kommen. Vor dem Abstich wurde die Temperatur auf 1540°C erhöht, um das Eisen von der Schlacke gut trennen zu können.

Der Möller für die Schmelze hatte folgende Zusammensetzung:

> 170 kg Sintererz
> 170 kg Kesselschlacke
> 213 kg Koks
> 70 kg Stahlschrott

In Abständen von 30 min. wurde die Temperatur der Schmelze gemessen, Schmelzproben der Schlacken entnommen und deren Eisengehalt untersucht. Bei den letzten Proben wurde das Eisen auf Kohlenstoffgehalt untersucht. Etwa 120 kg Eisen wurden flüssig ausgebracht.

Die Trommel machte 1,25 Umdr./min.

Probe	Zeit min.	Temperatur °C	Fe % in der Schlacke	O % der Eisenprobe	Kokszugabe kg
1	0	930 (1450)	33,5	-	150
2	30	1290	28,5	-	-
3	60	1440	21,5	-	-
4	90	1435	15,1	-	-
5	120	1430	14,8	-	-
6	150	1430	10,6	-	38
7	180	1420	11,4	-	-
8	210	1535	10,9	2,59	25
9	240	1540	11,1	2,85	-

Die Analyse des erzielten Eisens war in Abhängigkeit von der Reduktionszeit:

	Probe 8	Probe 9
C =	2,59 %	2,85 %
Si =	0,03 %	0,08 %
Mn =	0	0

Versuch 7 (Einsatz mit kaltem Möllergemisch)

Die Temperatur in dem Ofen wurde so gehalten, daß die Schlacke in krümeligem, teigigem Zustand war. Dadurch wurde eine gute Mischung bewirkt, so daß der später zugegebene Koks gut eingehüllt und somit höchste Reduktionswirkung erreicht wurde. Mit den Sintererzen wurde Nußkohle eingesetzt. Die Temperatur wurde langsam über 6 Studen bis auf 1300°C gesteigert, dann Koks zugegeben und nach etwa 1 1/2 Stunden wurde der Abstich vorgenommen.

Der Möller für die Schmelze hatte folgende Zusammensetzung:

270 kg Sintererz
270 kg Nußkohle
40 kg Koks

Analyse der Möller-Bestandteile:

a) Sintererz	H_2O	11,0 %
	SiO_2	14,2 %
	Fe	45,5 %
b) Nußkohle	H_2O	4,05 %
	Asche	5,48 %
	fl. Best.	20,50 %
	Hu	7500 kcal/kg

In Abständen von 30 min. wurde die Temperatur der Schmelze gemessen, stündlich Schmelzproben entnommen und diese auf Fe und teilweise auf C-Bestandteile untersucht. Etwa 120 kg Eisen wurden flüssig ausgebracht.

Metallprobe

Probe	C in %	Si in %	Mn in %
4	3,83	0,52	0
5	3,86	0,78	0
7	3,83	1,81	0

Die Analyse des erzielten Eisens war in Abhängigkeit von der Reduktionszeit stark veränderlich, wie nachstehende Tabelle (s. S. 21) zeigt.

Das Futter des Ofens besteht aus saurer Stampfmasse, die sich aus Siegburger Klebesand und Taunus-Quarzit zusammensetzt.

Versuch 8

Es sollte untersucht werden, ob es möglich ist, auf ein abgearbeitetes Ofenfutter wieder Schlacke aufzutragen, so daß die ursprüngliche Stärke des Ofenfutters wieder erreicht wird.

Zunächst wurde durch Temperatursteigerung über 1500°C die Oberfläche des Ofenfutters, die sich aus der Schlacke der letzten Schmelzversuche und der Stampfmasse - Siegburger Klebesand und Taunus-Quarzit - zusammensetzt, abgeschmolzen.

Durch Zugabe von 40 kg Flußspat wurde ein guter Schlackenfluß ermöglicht. Nach ca. 2 Stunden war der Abbau des Ofenfutters und Ausfluß der Schlacke

Forschungsberichte des Wirtschafts- und Verkehrsministeriums Nordrhein-Westfalen

Zeit min.	Temperatur °C	Probe	Fe in der Schlacke %	C in der Probe %	Kokszugabe kg
0	-	-	-	-	-
75	1150	-	-	-	-
90	1040	-	-	-	-
105	1070	-	-	-	-
120	1150	1	57,1	-	-
150	1240	-	-	-	-
180	1240	2	36,8	-	-
210	1280	-	-	-	-
240	1300	3	39,4	-	40
270	1320	-	-	-	-
300	1340	4	22,9	3,83	-
330	1280	-	-	-	-
360	1300	5	11,15	2,86	-
390	1380	6	12,0	-	-
420	1430	-	-	-	-
440	1450	-	-	-	-
445	1480	7	8,9	3,83	-

beendet. Es erfolgte der Einwurf von 360 kg Kesselschlacke folgender Zusammensetzung:

SiO_2 = 44,5 % Fe_2O_3 = 27,5 %
Al_2O_3 = 23,5 %   CaO = 2,2 %
MgO = 0,2 % P_2O_5 = 0,5 %
MnO = Spuren SO_3 = Spuren
Alkali-Oxyd = Rest.

Nach etwa 1 Stunde war die Schlacke in krümeligen teigigen Zustand übergegangen und es erfolgte die Zugabe von 55 kg Koks. Die Einbindung des Kokses war gut und schon nach 35 min. wurde ein ordentliches Schlackenschmelzbad erreicht.

Die Öl- und Luftzufuhr wurde abgestellt, so daß das Schmelzbad langsam erkalten konnte. Bei stetigem Drehen des Ofens sollte die Temperatur

Forschungsberichte des Wirtschafts- und Verkehrsministeriums Nordrhein-Westfalen

festgestellt werden, bei der die gut flüssige Schlacke an dem Ofenfutter anhaftete und schließlich dort erstarrte. Der Temperaturabfall war jedoch zu gering, so daß nach 30 min. die Wasserkühlung des Ofenmantels eingeschaltet werden mußte. Nach 70 min. wurden 1250°C in dem Ofenraum gemessen. Während dieses Zeitraumes wurde festgestellt, daß die Schlacke keine Bindung mit dem Futter des Ofens einging, sondern sich während des Erstarrungsintervalles einrollte, weil sie stets eine höhere Temperatur als das Futter aufwies, z.T. bedingt durch den in ihr gebundenen Koks, der wegen des Fe_2O_3-Gehaltes der Schlacke erforderlich war, denn eine Bindung ist nur dann möglich, wenn Schlacke und Futter die gleiche Temperatur haben. Aus dem Versuch wird folgender Schluß gezogen: daß bei einem Ofenfutter von etwa 20 cm Stärke die durch das Wasser am Außenmantel aufgebrachte Abkühlung nicht bis zur Schlacke durchdringen kann. Es wird ein Aufbau des Ofenfutters durch die Schlacke nur möglich sein, wenn beim Schmelzbetrieb, nicht wie hier nach beendeter Schmelze, die Wand sehr stark gekühlt wird; entweder durch Anordnung von Rohrschlangen im Ofenfutter oder durch Außenkühlung bei sehr kleinen Wandstärken des Futters. Die Untersuchungen dieses Vorganges soll das Ziel weiterer Versuche sein.

c) Zusammenfassung der Ergebnisse

1) Die Reaktion zwischen flüssigen eisenoxydhaltigen Schlacken und festem Kohlenstoff verläuft beim Hindurchgießen der Schlacke durch ein heißgeblasenes Koksbett im Temperaturbereich von 1500-1600°C für die technische Ausnutzung zu langsam. Weitere Versuche in dieser Richtung müssen höhere Blastemperaturen und feinere Verteilung der Schlacke anstreben.

2) Die Reaktion zwischen flüssigen eisenoxydhaltigen Schlacken und festem Kohlenstoff ist im Drehflammofen im Temperaturbereich 1450-1600°C gleichfalls zu langsam, da die Berührungsfläche zwischen flüssiger Schlacke und darauf schwimmender Reduktionskohle zu klein ist.

3) Kurze Reduktionszeiten zwischen Schlacke und Kohlenstoff ergeben sich, wenn man im Temperaturbereich der teigigen Schlacken arbeitet, d.h. je nach Schlackenzusammensetzung zwischen etwa 1050°C und 1450°C. Die erforderlichen Reaktionszeiten, um eine ausreichende Reduktion des Eiseninhaltes der Schlacke zu erzielen, betragen beim Arbeiten mit teigigen

Schlacken und flüssigem Einsatz - abhängig von den speziellen Bedingungen - zwischen ca. 2 und 4 Stunden. Die Reaktionszeiten sind damit weniger als halb so groß wie beim Einsatz von kaltem Möller in den Drehflammofen. Auf der Basis der genannten Reaktionszeiten ergibt sich eine günstige Wirtschaftlichkeit für die Ausreduktion flüssiger Schlacken.

4) Beim Arbeiten mit basischen Schlacken lassen sich Endeisengehalte in der Schlacke unter 5 % erzielen. Beim Arbeiten mit sauren Schlacken liegt bisher die untere Grenze bei ca. 10 % Eisen. Trotzdem erscheint es wirtschaftlicher, mit sauren Schlacken zu arbeiten als mit basischen Schlacken, weil zur Erzielung letzterer der Kesselschlacke außerordentlich große Mengen an Kalk zugefügt werden müssen. Als besonders vorteilhaft ergibt sich die Möglichkeit, in den Schmelzkammerkessel Erzstäube mit einzuführen, um auf diese Weise die Schmelzkammerschlacke mit Eisen anzureichern. Bei einer derartigen Verfahrensweise ist in Anbetracht des großen Eisengehaltes der meisten Kohlenaschen das Eisenausbringen, bezogen auf die eingesetzte Erzmenge, im allgemeinen höher als 100 %, selbst wenn die Endschlacke noch 10 % Eisen enthält.

5) Um in einem Arbeitsgang zu flüssigem Roheisen zu kommen, hat es sich als zweckmäßig erwiesen, zwar die Reduktion der Schlacke im teigigen Zustand durchzuführen, danach aber die Beschickung des Drehflammofens auf ca. $1500°C$ aufzuheizen. Hierbei verflüssigt sich das Roheisen und wird die Schlacke so dünnflüssig, daß Eisen und Schlacke sich voneinander trennen und getrennt voneinander aus dem Ofen abgegossen werden können.

6) Eine ausreichende Haltbarkeit des Ofenfutters besteht nur beim Arbeiten in teigigem Zustand. Mit Rücksicht auf das Futter muß angestrebt werden, jeweils bei möglichst niedriger Temperatur zu arbeiten. Gegen die flüssigen eisenreichen Schlacken haben sich sowohl saure Futter wie basische Futter (Dolomitsteine) als unbeständig erwiesen.

Der Versuch, das Futter des Drehflammofens aus der Schmelze durch Berieselung der Ofenwandung mit Wasser aufzubauen, ist zunächst fehlgeschlagen. Es ergaben sich hierbei aber die erforderlichen Hinweise für eine mögliche betriebsmäßige Arbeitsweise.

3. Großtechnische Versuche zur Ausreduktion von Schmelzkammerschlacken im Drehtrommelofen

Es war die besondere Aufgabe des Großversuches bei der Duisburger Kupferhütte, festzustellen:

1. welche Reduktionszeiten müssen bei der Behandlung der flüssigen Schlacken mit festem Kohlenstoff in einem großen Ofen im Betriebsmaßstab angesetzt werden;

2. bis zu welchem unteren Eisengehalt lassen sich Schlacken vom Typ der Schmelzkammerschlacken innerhalb wirtschaftlich vertretbarer Zeiten reduzieren;

3. wie groß ist der Verschleiß des Ofenfutters.

a) Versuchseinrichtung

In den Vorversuchen, die in dem kleinen Drehtrommelofen der Firma L. & C. Steinmüller in Gummersbach durchgeführt waren, ist festgestellt worden, daß die günstigsten Reduktionsbedingungen in einem Drehtrommelofen dann bestehen, wenn man die flüssige Schlacke mit dem festen Kohlenstoff vermischt, so daß die Schlacke infolge ihrer Abkühlung durch die kalte Kohle in einen teigig-zähflüssigen Zustand übergeht. Erst wenn eine weitgehende Ausreduktion des Eisens erfolgt ist, ist es zweckmäßig, die Temperatur soweit zu steigern, daß das Eisen flüssig wird und als kohlenstoffhaltiges Eisen abgegossen werden kann. Schließlich besteht die Möglichkeit, durch weitere Temperaturerhöhung auch die Schlacke soweit zu verflüssigen, daß diese aus dem Ofen abgegossen werden kann.

Bei dieser Arbeitsweise wird die chemische Zusammensetzung der Schlacke, wie sie in der Schmelzkammer anfällt, wenig oder gar nicht verändert, d.h. es wird mit hochkieselsäurehaltigen Schlacken gearbeitet. Die Voraussetzung für den Reduktionsprozeß mit hochsauren Schlacken ist die Verwendung eines entsprechenden Ofenfutters, um eine zu starke Abnutzung desselben bzw. eine Auflösung in der Schlacke zu vermeiden.

Für die Durchführung dieser Versuche stand bei der Duisburger Kupferhütte ein Drehtrommelofen zur Verfügung, der früher als beheizter Roheisenmischer gedient hatte. Dieser Drehtrommelofen hatte als Mischer eine saure Auskleidung. Er wurde wiederum mit einer solchen sauren Auskleidung versehen. Die Wandstärke des Ofenfutters betrug bei Beginn der Versuche ca. 50 cm. Der lichte Durchmesser war 2 m; die Badlänge war ca. 6 m; das Fassungsvermögen des Ofens war 6 cbm; seine Umdrehungsgeschwindigkeit war 0,5 Umdrehungen pro min. Der Ofen wurde von der einen Seite durch einen Brenner beheizt, die Rauchgase traten an der anderen Seite ins Freie und strömten durch die Halle ab. Die Entleerung des Ofens erfolgt normalerweise so, daß dieser nach der vom Brenner abgewandten Seite hin um ca. 45 Grad geneigt wird.

Vor Beginn der Versuche wurde die Frage der Erzielung genügend hoher Temperaturen eingehend studiert. Von den Versuchen in Gummersbach her war es bekannt, daß man, um am Schluß der Versuche die Schlacke abgießen zu können, eine Temperatur von ca. 1500°C erreichen muß. Mit den ursprünglichen Beheizungsverhältnissen des Ofens war dies nicht möglich, da diese lediglich für das Warmhalten des flüssig eingebrachten Roheisens eingerichtet war. Um ein größeres Wärmeangebot zu erzielen, wurde zu dem Ofen eine neue Windleitung vom Hochofengebläse her gelegt. Es wurde des weiteren dem Brenner zusätzlich zu dem bisher verwandten Gichtgas Ferngas zugeleitet und zur Karburierung das Einspritzen von Öl vorgesehen. Mit karburiertem Ferngas konnte eine optisch gemessene Wandtemperatur des Drehtrommelofens von ca. 1520°C erzielt werden.

Da flüssige Schlacke, wie sie hinter einem Schmelzkammerkessel anfällt, nicht zur Verfügung stand, mußte, wie schon früher bei den Versuchen in Gummersbach, in dem Drehtrommelofen zunächst die Schlacke eingeschmolzen werden, um sie danach mit dem Kohlenstoff zu vermischen und auszureduzieren. Die Einschmelzschlacke wurde aus mehreren Komponenten synthetisch so zusammengesetzt, daß sie etwa die Analyse hatte, wie sie in einem konkreten Fall zu erwarten war. Als solch konkreter Fall wurde das Projekt des Kraftwerkes Escadron in Spanien zugrunde gelegt.

b) Versuchsdurchführung

Als Grundlage für die zu reduzierende Schlacke wurde eine Schmelzkammerschlacke aus dem Kraftwerk der Duisburger Kupferhütte verwandt. Da diese Schlacke gegenüber der angestrebten Schlacke einen zu geringen Kalk- und Eisengehalt aufwies, wurde im entsprechenden Verhältnis sogenannte Rundofenschlacke des Werkes als Kalkträger und Purpurerzsinter als Eisenträger zugegeben. Der Sinter stand in Form der Rückfälle von der Sinteranlage des Werkes zur Verfügung. Als Reduktionsmittel wurde Perlkoks (3-10 mm) eingesetzt. Die Analysen der eingesetzten Rohstoffe sind in Tabelle 1 angegeben.

Die eingesetzten Mengen der Rohstoffe wurden so bemessen, daß keine Schwierigkeiten wegen Überfüllung des Ofens bei den einzelnen Versuchsphasen eintreten sollten. Dies wurde, wie der Versuchsverlauf zeigte, auch erreicht. Am meisten gefüllt war der Ofen kurz nach der Aufgabe des Kokses, entsprechend dessen niedrigem Schüttgewicht. Sobald aber der Koks von der Schlacke eingebunden war, d.h. sobald die Zwischenräume zwischen den einzelnen Koksstücken von Schlacke ausgefüllt waren, verringerte sich das Volumen der Beschickung stark. Bei Fortschreiten der Eisenoxydreduktion, d.h. bei der Umwandlung von Erzsauerstoff und Kokskohlenstoff in gasförmige Produkte, ging das Volumen der Beschickung auf einen Bruchteil der Ausgangsgröße zurück. Bei einer betriebsmäßigen Durchführungsform des Verfahrens, bei der die flüssige Schlacke während des Einbringens in den Ofen mit der Reduktionskohle gemischt wird, kann das niedrige Schüttgewicht der Kohle nicht in Erscheinung treten. Ein gegebenes Ofenvolumen kann deshalb voraussichtlich bei der betriebsmäßigen Durchführung wesentlich günstiger ausgenutzt werden. Im vorliegenden Fall wurde der Ofen mit 6 t Schlacke (wasserfrei) gefüllt bei 6 cbm Badraum im Ofen. Man wird diese Menge bei gleichem Ofenvolumen schließlich auf 10 t steigern können.

Bei der Bemessung des Kokssatzes wurde mit 1 t Koks pro t Eisen bewußt ein Überschuß an Reduktionskohle gesetzt. Bei dem zugrundeliegenden Verfahren - der Zusammenschaltung eines Drehtrommelofens mit einem Schmelzkessel - bedeutet der Ofen eine Feuerstelle des Ofens, und es ist in weiten Grenzen unerheblich, ob die Verbrennung der Kohle im Reduktionsofen oder im Kessel erfolgt. Die Verbrennungsenergie kommt in jedem Falle dem Kessel zugute.

Die Mengen der eingesetzten und ausgebrachten Produkte sind in Tabelle 2 aufgeführt.

Die drei Komponenten der Schlacke wurden in den kalten Ofen nacheinander eingebracht, wobei man bemüht war, diese Komponenten jeweils möglichst gleichmäßig über die Ofenfläche zu verteilen, um so eine gleichmäßige Schlackenzusammensetzung in allen Teilen des Schlackenbades zu erzielen.

Tabelle 1

Schlackenreduktionsversuch Duisburger Kupferhütte am 2.7.1954

Originalanalysen von Einsatz und Endprodukt

	Fe %	SiO_2	Al_2O_3	CaO	MgO	Nässe
Rundofenschlacke	15,20	37,00	9,70	19,30	4,10	2,0
Schmelzkammerschlacke	7,10	47,50	29,20	4,40	1,85	13,6
Rückfälle	60,50	8,45	1,10	1,00	Sp.	0,5
i.d.A.	Fe_2O_3					
Perlkoks C = 82,8						
Asche = 11,65	19,72	48,50	23,27	3,10	2,25	9,50
	Fe					
Endprodukt (Austrag)	41,25	27,42	11,05	2,80	1,09	10,60
Stampfmasse		87,10	9,20	0,40	0,36	

Tabelle 2

Schlackenreduktionsversuch Duisburger Kupferhütte am 2.7.1954

Durchsatz

Einsatz:	naß
Schmelzkammerschlacke	2 040 kg
Rundofenschlacke	620 kg
Sinterrückfälle	3 700 kg
Koks 1. bei Versuchsbeginn	1 250 kg
2. 2 Stunden später	1 200 kg
Auswaage:	4 500 kg

Der Ofen wurde dann unter ständigem Drehen auf ca. 1150° aufgeheizt. Die Temperaturen wurden sowohl von der Brennerseite als auch von der Austragseite aus optisch gemessen. Bei 1150° hatte der Ofeninhalt eine zähflüssig-teigige Konsistenz. Es war aber festzustellen, daß die Schlacke an der Austragseite kälter blieb als an der Brennerseite. Die Temperaturdifferenz betrug ca. 50° bis 80°C.

Der Koks wurde in zwei Portionen zugegeben, und zwar je zur Hälfte im Abstand von 2 Stunden. Durch die Kokszugabe wurde die Temperatur der Schlacke jeweils stark herabgesetzt, so daß sie aus dem zähflüssig-teigigen Zustand wieder in den festen Zustand zurückfiel. Erst 2 Stunden nach der letzten Kokszugabe und nachdem ca. 4 Stunden seit der ersten Kokszugabe, also seit Beginn der Reduktion vergangen waren, war der Einfluß des Wärmeentzuges durch den kalten Koks und der mangelnden Wärmezufuhr infolge der längeren Stillstände bei der Kokszugabe (1/2 Std. und 25 min.) überwunden. Von da an konnte der Ofen gleichmäßig beheizt und eine gleichmäßige Steigerung der Temperatur erzielt werden.

In Abständen von je 1 Stunde wurden Proben aus dem Ofen genommen und die Temperatur gemessen, und zwar jeweils von der Brennerseite und von der Austragseite aus. Es zeigte sich auch beim weiteren Verlauf des Versuches, daß die Brennerseite wesentlich heißer war als die Austragseite. Die Temperaturdifferenz zwischen Brennerseite und Austragseite betrug jeweils etwa 100°C. Dabei muß berücksichtigt werden, daß die Temperaturmessung von der Austragseite her als optische Messung etwa die Temperaturen erfaßt, die vom Austrag her etwa in 1 1/2 bis 2 m Entfernung in Richtung des Brenners bestanden haben. Direkt am Austrag dürften die Temperaturen noch etwa um 50° bis 80° niedriger gewesen sein. Dieser Temperaturverteilung entsprechend war das Bild der im Ofen zu beobachtenden Vorgänge. Von der Brennerseite her bis etwa 2/3 des gesamten Badraumes war der Ofeninhalt im teigig-zähflüssigen Zustand, wie dies von den früheren Versuchen her bekannt war und angestrebt wurde. Das letzte Drittel dagegen blieb relativ kalt, so daß die im Ofen umlaufende Masse zwar weich wurde und sich mit der Kohle innig vermischte, aber doch nicht in den für die Reduktion günstigen teigig-zähflüssigen Zustand überging. Es ist deshalb erforderlich, hinsichtlich des Reduktionsverhaltens der Beschickung zu unterscheiden zwischen den Vorgängen auf der Brennerseite

Forschungsberichte des Wirtschafts- und Verkehrsministeriums Nordrhein-Westfalen

und denen auf der Austragseite. Infolge der getrennten Probenahme auf beiden Seiten ist diese Unterscheidung ohne Schwierigkeiten möglich.

Da der Ofeninhalt auf der Austragseite bei Versuchsende nicht genügend flüssig gemacht werden konnte, wurde darauf verzichtet, das Material durch die Austragsöffnung flüssig abzugießen. Es hätte sonst die Gefahr bestanden, daß sich das teigige Material vor die relativ kleine Austragsöffnung gesetzt und diese verstopft hätte. Um diese Schwierigkeiten zu vermeiden, wurde das Endprodukt im Ofen abgekühlt und im kalten Zustand als Geröll aus dem Ofen herausgeholt.

c) Versuchsergebnisse

Die bei dem Versuch durchgesetzten Mengen sowie die Originalanalysen von Einsatzstoffen und Schlacken sind in den Tabellen 1, 2 und 3 enthalten. In der Abbildung 1 (s. S. 31) ist in Abhängigkeit von der Reaktionszeit der Temperaturverlauf sowie die Änderung des Eisengehaltes der Schlacke dargestellt.

Die obere Temperaturkurve in der Abbildung ist die auf der Brennerseite, die untere die auf der Austragseite, wobei gemäß dem Vorhergesagten diese Temperatur etwa 1 1/2 m von der Austragsöffnung im Ofenraum Geltung besitzt. Man erkennt, daß während der ersten 4 Stunden der Behandlung der Schlacke mit Koks die Temperatur ungenügend gewesen ist und daß danach erst eine gleichmäßige Steigerung der Temperatur bzw. ein Einhalten des erforderlichen Temperaturniveaus möglich war. Entsprechend den Temperaturbedingungen im Versuchsofen ist während der ersten 4 Stunden der Behandlungszeit der Schlacke ein relativ geringer Abfall des Eisengehaltes der Schlacke festzustellen. Auf der Brennerseite fällt der Eisengehalt während der ersten 4 Stunden von etwa 40 % auf etwa 28 %. Danach tritt aber bei dem dann ausreichenden Temperaturniveau eine sehr kräftige Reduktionswirkung ein, die innerhalb weiterer 4 Stunden den Eisengehalt der Schlacke auf der Brennerseite auf etwa 2 % abfallen läßt. Die Reduktionswirkung auf der Austragseite ist entsprechend der erheblich niedrigeren Temperatur wesentlich geringer als auf der Brennerseite. Die analysierten Proben wurden direkt an der Austragsöffnung entnommen. Ihre Temperatur dürfte um $50°$ - $80°$ noch unterhalb der optisch gemessenen Temperatur gelegen haben, die in der unteren Temperaturlinie dargestellt ist.

Tabelle 3

Schlackenreduktionsversuch Duisburger Kupferhütte am 2.7.1954

Originalanalysen der Schlacken

	metall. Anteil		nicht met. Anteil	Gehalte im unmagn. Anteil (ber. auf C-freies Material)				
	%	Ges.Fe %	dav. met.-Fe %	%	SiO_2	Fe	Al_2O_3	CaO	MgO
Brenner-Seite:									
1) Einschmelzprobe	–	–	–	–	26,40	40,10	12,50	4,50	0,94
2) nach 2 Std.	17,5	–	–	82,5	33,00	31,80	17,80	5,80	1,20
3) nach 4 Std.	5,2	69,3	96,0	94,8	36,10	30,70	14,90	5,25	1,42
4) nach 5 Std.	4,7	69,0	90,0	95,3	42,60	23,30	14,95	5,92	1,56
5) nach 6 Std.	6,2	68,0	97,0	93,8	60,60	4,44	17,20	6,72	2,10
6) nach 7 Std.	6,9	79,6	–	93,1	63,90	4,71	18,30	6,42	2,00
7) nach 8 Std.	3,0	68,6	–	97,0	66,50	2,00	17,55	6,00	1,80
Austrag-Seite:									
1)	–	–	–	–	19,60	49,30	9,05	3,30	1,00
2)	13,00	–	–	87,0	26,60	34,50	14,10	4,52	0,65
3)	42,00	–	–	58,0	26,50	37,50	12,90	4,20	0,63
4)	18,50	–	–	81,5	23,20	42,50	13,20	4,00	0,68
5)	60,10	–	–	39,9	30,10	34,00	14,00	4,10	0,72
6)	59,90	–	–	40,1	35,90	22,80	13,70	4,20	0,71
7)	31,80	–	–	68,2	40,10	21,50	13,10	3,85	0,60

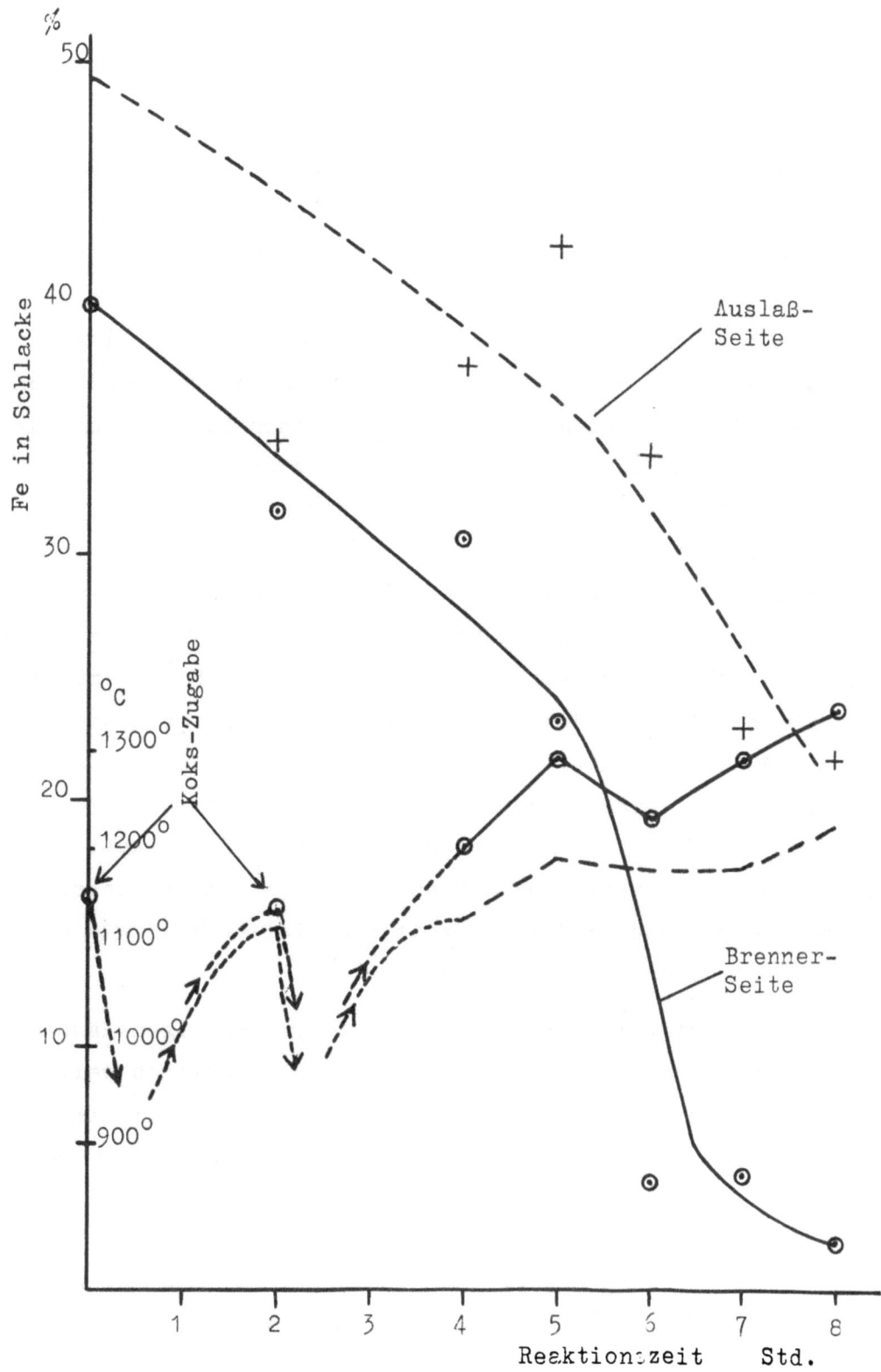

A b b i l d u n g   1

Schlackenreduktionsversuch im Roheisenmischer der DKH am 2.7.54

Die Reduktionswirkung ist, da es nicht zur Ausbildung des teigig-zähflüssigen Zustandes kam, uneinheitlich, wie es sich aus der starken Streuung der Analysenwerte ableiten läßt.

Aus dem Kurvenverlauf in der Abbildung 1 ist erkennbar, daß nur auf der Brennerseite des Ofens die bei dem Versuch angestrebten Versuchsbedingungen vorgelegen haben. Es ist deshalb angebracht, nur die auf dieser Seite erzielten Ergebnisse zu werten. Der wichtige Teil der Kurve für den abnehmenden Eisengehalt ist der zwischen der 4. und 7. Stunde der Behandlungsdauer der Schlacke mit festem Kohlenstoff. Vorher lagen infolge des Zusetzens der Kohle die Temperaturen für eine ausreichende Reduktionsgeschwindigkeit zu niedrig. Bei der praktischen Durchführung des Verfahrens, d.h. wenn man von flüssiger Schmelzkammerschlacke ausgeht und diese mit der Kohle mischt, bringt die Schmelzkammerschlacke, die die Schmelzkammer mit einer Temperatur von ca. $1450°$ bis $1600°C$ verläßt, soviel Wärme mit, daß von Anfang an genügend hohe Temperaturen vorliegen, um einen sofortigen kräftigen Einsatz der Reduktionswirkung zu erzielen, wie er bei dem vorliegenden Versuch erst nach der 4. Stunde möglich war. Man kann deshalb auf Grund des vorliegenden Versuchsergebnisses feststellen, daß es möglich sein muß, Schmelzkammerschlacken, die flüssig in einen Drehtrommelofen eingebracht und hierbei mit festem Kohlenstoff vermischt werden, innerhalb 3 - 4 Stunden auszureduzieren. Damit ist aber erwiesen, daß auch in einem großen Drehtrommelofen im betriebsmäßigen Maßstab etwa die gleichen Reduktionszeiten erzielt werden wie zuvor in dem kleinen Drehtrommelofen in Gummersbach.

Auffallend an dem Ergebnis der Versuche im betriebsmäßigen Maßstab ist es, daß es gelang, den Eisengehalt der Schlacke wesentlich weiter herabzusetzen als bei den vorangehenden Versuchen im kleinen Drehtrommelofen. Während im kleinen Ofen der Eisengehalt nur bis auf etwa 10 % herabgesetzt werden konnte, wurden bei dem großen Ofen 2 % erreicht. Vermutlich ist dies darauf zurückzuführen, daß bei dem kleinen Ofen die Beschickung weitgehender mit den Flammengasen in Berührung kommt, so daß eine stärkere Rückoxydation des gebildeten Eisens durch die Flammengase erfolgt. Da die Reduktion durch den Kohlenstoff nur im Innern der Beschickung stattfindet, wo eine Kohlenoxydatmosphäre herrscht, muß das Verhältnis von Reduktionswirkung zu Rückoxydationswirkung durch das Verhältnis von Beschickungstiefe zu Beschickungsoberfläche stark beeinflußt werden. Dieses

Forschungsberichte des Wirtschafts- und Verkehrsministeriums Nordrhein-Westfalen

Verhältnis ist bei dem großen Ofen offensichtlich viel günstiger für die Erzielung einer resultierenden starken Reduktionswirkung.

Bei der Auswertung der Versuchsergebnisse wurde der Ermittlung des Verschleißes des Ofenfutters besondere Bedeutung beigemessen. Im Betrieb und nach der Durchführung der Versuche konnte ein merklicher Angriff der Schlacke auf das Ofenfutter nicht festgestellt werden. Es bestand deshalb lediglich die Möglichkeit, aus den Analysen der eingesetzten Produkte und der aus dem Ofen entnommenen Proben sowie aus der Analyse des Endproduktes auf die Abtragung des Ofenfutters zu schließen. Dies ist insbesondere dadurch gegeben, daß der Kieselsäuregehalt des Einsatzes ca. 60 % betrug, während der Kieselsäuregehalt des Futtermaterials mit ca. 90 % ermittelt wurde. Aus der Zunahme des Kieselsäuregehaltes in den Proben und im Endprodukt konnte deshalb direkt die von der Schlacke aufgelöste Futtermenge errechnet werden.

Zur Errechnung des Futterverschleißes wurde eine Gesamtmengenbilanz der Schlackenkomponenten $SiO_2 + Al_2O_3 + CaO + MgO$ aufgestellt und des weiteren eine Kieselsäurebilanz. Die in die Mengenbilanz eingesetzte Menge des in der Schlacke aufgelösten Ofenfutters mußte dann als richtig angesehen werden, wenn die mit den gleichen Mengen- und Analysenwerten durchgeführte Kieselsäurebilanz aufging. Dies ist der Fall, wenn man zugrunde legt, daß während der ganzen Versuchszeit 490 kg Ofenfutter in der Schlacke aufgelöst sind (s. Tab. 4 und 5). Dies führt gemäß Tabelle 6 zu einem spezifischen Futterverschleiß von 35 kg pro Std. Reaktionszeit.

Zur Kontrolle dieses Wertes wurde auch der Futterverschleiß errechnet, der sich aus den Kieselsäureanalysen der während des Versuches entnommenen Proben ergibt. In Tabelle 7 sind zunächst aus den Originalanalysen die prozentualen Anteile der Schlackenkomponenten - auf die eisenfreien Proben bezogen - errechnet. Man erkennt deutlich den Anstieg der Kieselsäuregehalte der Schlacke von Probe zu Probe. Gemäß Tabelle 6 ergibt sich aus diesen Analysen auf der Brennerseite eine aufgelöste Menge an Ofenfutter pro Stunde von 46 kg und an der Austragseite von 34,6 kg, wobei diese Menge jeweils auf den gesamten Ofeninhalt bezogen ist. Diese Werte bestätigen den aus der Gesamt-Stoffbilanz ermittelten Futterverschleiß in Höhe von ca. 35 kg pro Reaktionsstunde. Hieraus wurde die abgetragene Wandstärke pro Stunde Reaktionszeit mit ca. 0,05 cm ermittelt. Dieser Wert zeigt, daß der Futterverschleiß unter den Bedingungen des

Tabelle 4

Schlackenreduktionsversuch Duisburger Kupferhütte am 2.7.1954

Mengenbilanz für Schlacke ($SiO_2 + Al_2O_3 + CaO + MgO$)	
Eingebracht:	
Schmelzkammerschlacke 2040 kg · 0,864 · 0,8295	= 1 460 kg
Rundofenschlacke 620 kg · 0,98 · 0,701	= 426 kg
Sinter 3700 kg 0,995 · 0,1055	= 388 kg
Koksasche (2450-550) · 0,905 · 0,1165 · 0,7712	= 154 kg
Einsatz	= 2 428 kg
Ofenfutter, aufgelöst in Schlacke	= 490 kg
Summe Gesamtschlacke (fe=frei)	= 2 918 kg
Ausgebracht:	
Austrag 4500 kg · 0,4236	= 1 906 kg
Im Ofen geblieben	= 1 012 kg
in % vom Einsatz	34,7 %
in % vom Austrag	53,2 %

Tabelle 5

Schlackenreduktionsversuch Duisburger Kupferhütte

am 2.7.1954

Eingebracht	
in Schmelzkammerschlacke 2040 kg · 0,475 · 0,864	838 kg
in Rundofenschlacke 620 kg · 0,37 · 0,98	225 kg
in Sinter 3700 kg · 0,0845 · 0,995	310 kg
in Koks (2450-550)[+) · 0,1165 · 0,485 · 0,905	98 kg
in Ofenfutter 490 kg · 0,871	427 kg
Summe:	1 898 kg
Ausgebracht	
in Austrag 4500 kg · 0,2742	1 234 kg
in Produkt, das im Ofen geblieben ist, 4500 kg · 0,532 · 0,2742	657 kg
Summe:	1 891 kg

[+)] Koksrückstand in Austrag

Tabelle 6

Schlackenreduktionsversuch Duisburger Kupferhütte am 2.7.1954

Verschleiß des Ofenfutters

1) Aus der Gesamtstoffbilanz	
Gesamtverschleiß in ca. 14 Std.[+)]	490 kg
Verschleiß pro Std.	35 kg
2) Aus der SiO_2-Zunahme an der Brennerseite	
Zunahme des SiO_2-Gehaltes der Fe-freien Schlacke in 8 Std. 72,5 % - 59,2 %	13,3 %
Zunahme pro Std. 13,3 : 8	1,66 %
Aufgelöste Menge SiO_2 pro Std. 2412 · 0,0166	40 kg
Aufgelöste Menge Futter pro Std. 40 : 0,871	46 kg
3) Aus der SiO_2-Zunahme an der Austragseite	
Zunahme des SiO_2-Gehaltes der Fe-freien Schlacke in 8 Std. 69,5 % - 59,5 %	10,0 %
Zunahme pro Std. 10 : 8	1,25 %
Aufgelöste Menge SiO_2 pro Std. 2412 · 0,0125	30,2 kg
Aufgelöste Menge Futter pro Std. 30,2 : 0,871	34,6 kg
Mittlere Abnahme der Futterwandstärke	
Abgetragenes Volumen 0,490 t : 2	0,245 m³
Innere Oberfläche der Trommel (geschätzt)	35 m³
Abgetragene Wandstärke (bei ca. 14 Std. 0,245 : 35	0,007 m
Pro Std. Reaktionszeit 0,71 : 14	0,05 cm

[+)] Zeit, während der die Ofentemperatur oberhalb 1100°C gelegen ist. Mitteltemperatur ca. 1200°C

Tabelle 7

Änderung der Schlackenzusammensetzung (ohne Eisen)

Brennerseite	SiO_2 %	Al_2O_3 %	CaO %	MgO %
Einschmelzprobe	59,2	28,2	10,2	2,1
n. 2 Std.	57,1	30,8	10,0	2,1
n. 4 Std.	62,6	25,9	9,1	2,4
n. 5 Std.	65,5	23,0	9,1	2,4
n. 6 Std.	70,0	19,9	7,8	2,3
n. 7 Std.	70,5	20,1	7,1	2,3
n. 8 Std.	72,5	19,1	6,4	2,0
Auslaßseite				
Einschmelzprobe	59,5	27,5	10,0	3,0
n. 2 Std.	58,0	30,8	9,8	1,4
n. 4 Std.	60,0	29,1	9,5	1,4
n. 5 Std.	56,5	32,2	9,7	1,6
n. 6 Std.	61,5	28,6	8,4	1,5
n. 7 Std.	65,8	25,1	7,7	1,4
n. 8 Std.	69,5	22,7	6,7	1,1
Mittelwert des Austrags	64,8	26,1	6,6	2,4

Versuches so gering ist, daß die Wirtschaftlichkeit des Verfahrens unter Berücksichtigung seiner gesamten Merkmale durch ihn nicht in Frage gestellt werden kann.

d) Folgerungen

Der in dem Roheisenmischer der Duisburger Kupferhütte am 2.7.1954 durchgeführte Großversuch für die Reduktion von Schmelzkammerschlacken hat die drei grundlegenden Fragen, deren Aufklärung er dienen sollte, befriedigend beantwortet:

1. die Reduktionszeit für flüssig eingesetzte Schlacken mit einem Eisengehalt von ca. 40 % beträgt, je nach dem Vorreduktionsgrad der Schlacke, etwa 2-4 Stunden und liegt damit nicht höher als sie bei den früheren Versuchen im kleinen Maßstab ermittelt wurde;

2. der Endeisengehalt, der im großen Ofen erzielbar ist, liegt bei ca. 2 %.

3. der Futterverschleiß beträgt ca. 0,05 cm pro Stunde Reaktionszeit.

III. Großversuch über das Verhalten von Schmelzkesseln gegenüber Eisenerzen

Nachdem durch die Versuche in Gummersbach und in Duisburg nachgewiesen war, daß in Schmelzkammern erschmolzene eisenoxydhaltige Schlacken in einer der Schmelzkammer nachgeschalteten und mit dieser organisch verbundenen Drehtrommel ausreduziert werden können, wurde als nächster Programmpunkt der Versuche in Angriff genommen die Frage des Verhaltens von Schmelzkesseln gegenüber Eisenerzen, die mit dem Brennstoff in die Schmelzkammer eingeführt werden. Zu diesem Zweck wurden in einem Großkessel des Kraftwerks Karnap in Zusammenarbeit mit der Firma L. & C. Steinmüller, Gummersbach, und der Westfalenhütte ein Großversuch durchgeführt, im Verlauf dessen das Verhalten eines solchen Kessels bei steigenden zugesetzten Mengen an Eisenerz zur Kohle festgestellt wurde. Als Eisenerz wurde ein geeigneter Gichtstaub der Westfalenhütte verwandt.

Zur Untersuchung der Einflüsse von Erzstaub-(Gichtstaub) Zusatz in Kesselfeuerungen wurden am 9. und 11.11.1955 im Kraftwerk Karnap 6 Versuche mit verschiedenen Kohle-Gichtstaub-Gemischen durchgeführt. Diese Gemische bestanden aus:

Versuch I   100 Teile Kohle zu   3   Teilen Gichtst. = 2,93 % Gichtst.
"   II   "   "   "   " 12,2   "   "   = 10,85 %   "
"   III   "   "   "   " 24,9   "   "   = 19,93 %   "
"   IV   "   "   "   " 39,3   "   "   = 28,5 %   "
"   V   "   "   "   " 19,2   "   "   = 16,1 %   "
"   VI   "   "   "   " 32;2   "   "   = 24,4 %   "

Die Versuche I - III sind mit der Kohle A, die Versuche IV - VI mit der Kohle B gefahren worden. Bei allen Versuchen wurde die Dampfleistung des Kessels auf 100 t/h gehalten. Die zur Berechnung erforderlichen Werte sind am Leitstand aufgenommen worden. Außerdem wurden an den in Abbildung 2 angegebenen Stellen die Temperaturen (0 - 3 u. 5) gemessen, im Feuerraum und vor Luvo Abgasanalysen gezogen und an den Meßstellen 0 - 4 die Ablagerungen auf wassergekühlten Kupferrohren festgestellt und Flugstaubproben entnommen.

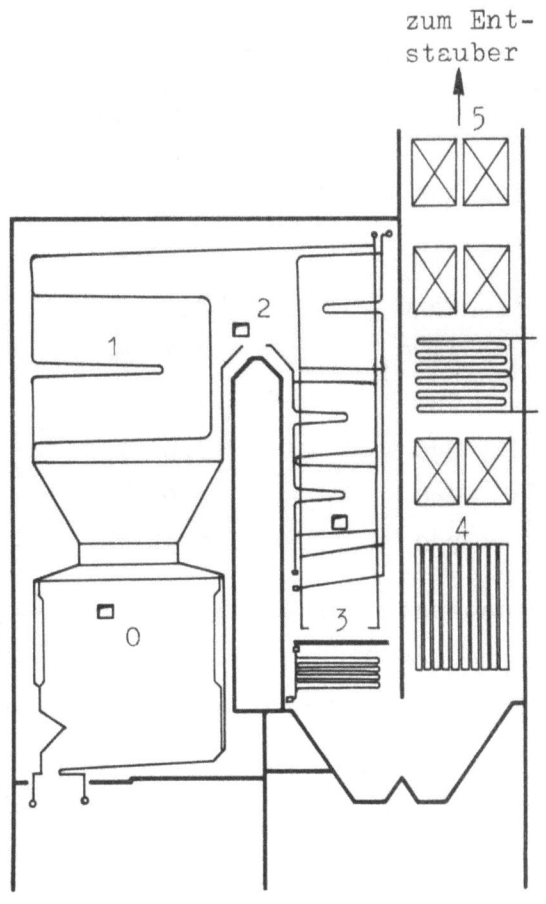

A b b i l d u n g   2
Kraftwerk Karnap, Kessel 3

Forschungsberichte des Wirtschafts- und Verkehrsministeriums Nordrhein-Westfalen

Die flüssig abgezogene Asche ist mengenmäßig bestimmt worden. Proben für die labormäßige Untersuchung von Schlacke und Flugstaub wurden entnommen, ebenso zur Feststellung des Mischungsverhältnisses Proben vor den Mühlen und in den einzelnen Brennerzuführungsleitungen.

1. Brennstoffe und Abgasmengen

Die benutzten Kohlen und der Gichtstaub haben folgende Analyse:

		Kohle A	Kohle B	Gichtstaub
Asche	%	10,16	6,98	26,2 + 52,87 Fe-Oxyde
Wasser	%	0,32	0,29	0,9
CO_2	%	-	-	0,65
Kohlenstoff	%	78,70	81,87	11,40
Wasserstoff	%	4,37	4,41	1,07
Org.Schwefel	%	1,01	1,06	1,35
Stickstoff	%	1,49	1,49	1,30
Sauerstoff	%	3,95	3,9	4,26
Hu	kcal/kg	7480	7780	1115

Die Analyse des Gichtstaubes ergab folgende Zusammensetzung:

SiO_2 7,58 %
Fe_2O_3 74,27 %
Al_2O_3 7,35 %
CaO 7,35 %
MgO 1,05 %
MnO 1,92 %
P_2O_5 0,28 %

Zur Berechnung der Abgasmengen wurde angenommen, daß die tatsächliche Aschenmenge das 1,1-fache des Glührückstandes beträgt. Die Differenz wurde als im Abgas auftretendes Wasser angenommen. Weiterhin wurde zur Feststellung der tatsächlich in den Kessel eingeführten Asche angenommen, daß 5 % des als Glührückstand festgestellten Wertes zu CO_2 vergast wurden. Damit ergeben sich bei theoretisch vollkommener Verbrennung folgende Abgaszusammensetzungen:

Kohle A	Kohle B	Gichtstaub	
$CO_2 + SO_2$ = 1,462	1,528	0,204	Nm^3/kg
N_2 = 6,317	6,567	0,826	"
V trocken = 7,779	8,095	1,030	"
V feucht = 8,278	8,598	1,178	"
Lo = 7,98	8,23	1,03	"
CO_2 max. =18,78	18,88	19,77	%

Aus der gemessenen Gichtstaubmenge, der Dampfleistung, Dampf- und Speisewasser-Wärme und Wirkungsgrad wurde die Kohlenmenge errechnet und daraus die oben angegebenen Anteile von Gichtstaub am Gemisch festgestellt. Kohle-, Gichtstaub- und Gemischmenge sind in Abbildung 3 (Kurve 4 - 6) aufgetragen, ebendort der Heizwert des Gemisches und der Heizwert + der zugehörigen Luftwärme (Kurve 7 und 8). In Abbildung 4 sind der Luftbedarf und das feuchte Rauchgasvolumen für das Gemisch der beiden Kohlensorten mit Gichtstaub, abhängig vom Gichtstaubzusatz und der Luftzahl, aufgetragen; in Abbildung 5 die mittleren Werte für CO_2 und O_2, abhängig von der Luftzahl. Aus diesem Kurvenblatt geht hervor, daß der CO_2-Gehalt und O_2-Gehalt im Abgas praktisch unabhängig vom Gichtstaubzusatz sind.

2. Kesselbetrieb

Zur Kontrolle der Gemischzusammensetzung waren Proben an den Zuläufen der drei Kohlenmühlen und in den einzelnen Brennerzuführungsleitungen vor den Brennern genommen worden. Die Bestimmungen der Gemischzusammensetzungen über den Asche- und Flüchtigen-Gehalt ergaben jedoch große Unstimmigkeiten, so daß als Gemischzusammensetzung die aus der Gichtstaubzugabe errechneten Werte benutzt wurden. Die Proben lassen aber erkennen, daß die Mühlen nicht gleichmäßig mit Gichtstaub beaufschlagt worden waren, dazu waren die Drehzahlen der Mühlen auch nicht gleichmäßig (Abb. 6 Kurve 15). Den größten Gichtstaubzusatz weist Mühle 2 (mittlere Mühle) auf. Demnach bekam auch die mittlere der drei Brennerreihen den größten Gichtstaubanteil, wobei die gegenüberliegenden Brenner wieder den gößten Anteil aufwiesen. Diese ungleichmäßige Beaufschlagung läßt vermuten, daß im Feuerraum stellenweise reduzierende, stellenweise oxydierende Atmosphäre herrschte.

Forschungsberichte des Wirtschafts- und Verkehrsministeriums Nordrhein-Westfalen

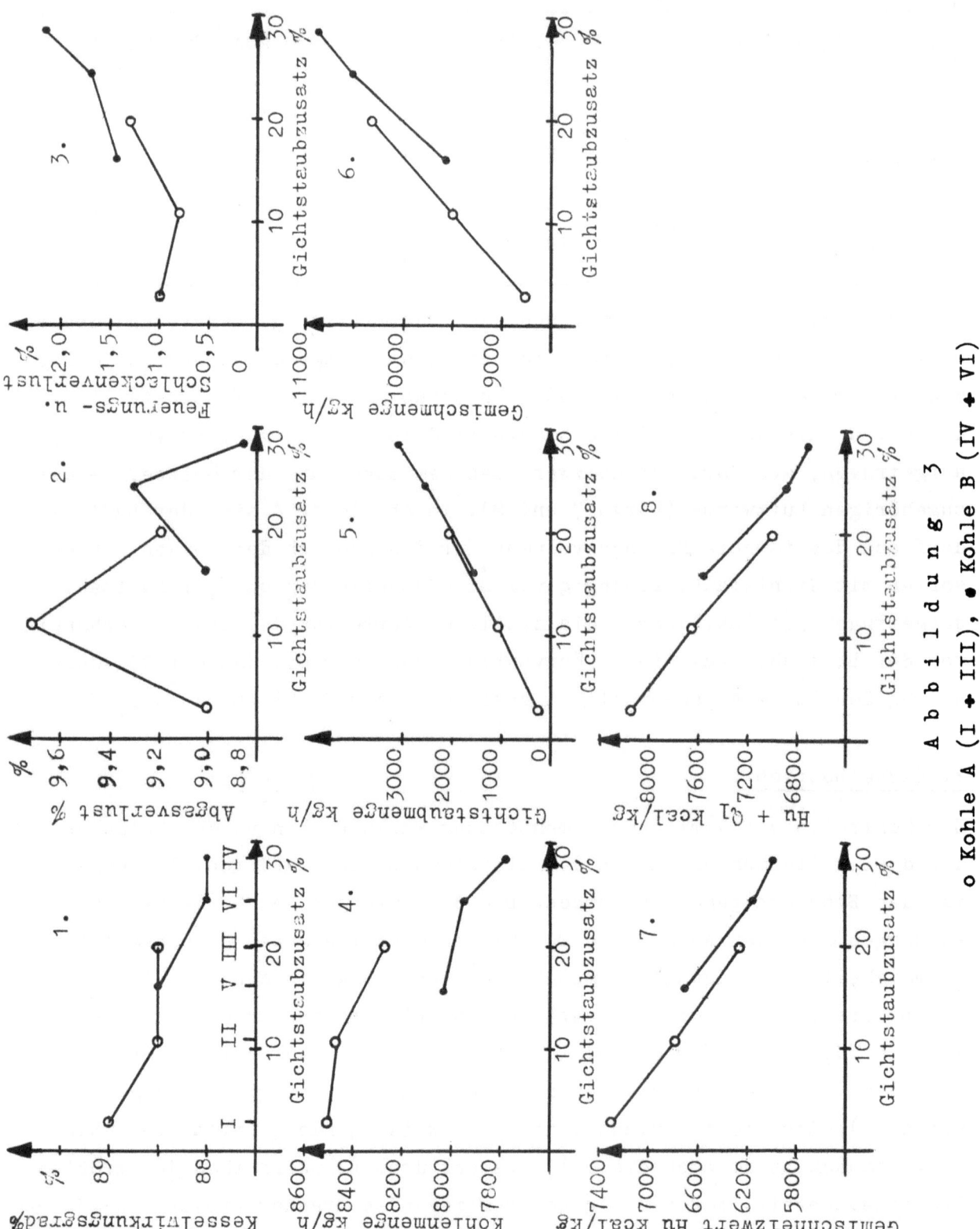

A b b i l d u n g 3

o Kohle A ((I + III), • Kohle B (IV + VI)

Forschungsberichte des Wirtschafts- und Verkehrsministeriums Nordrhein-Westfalen

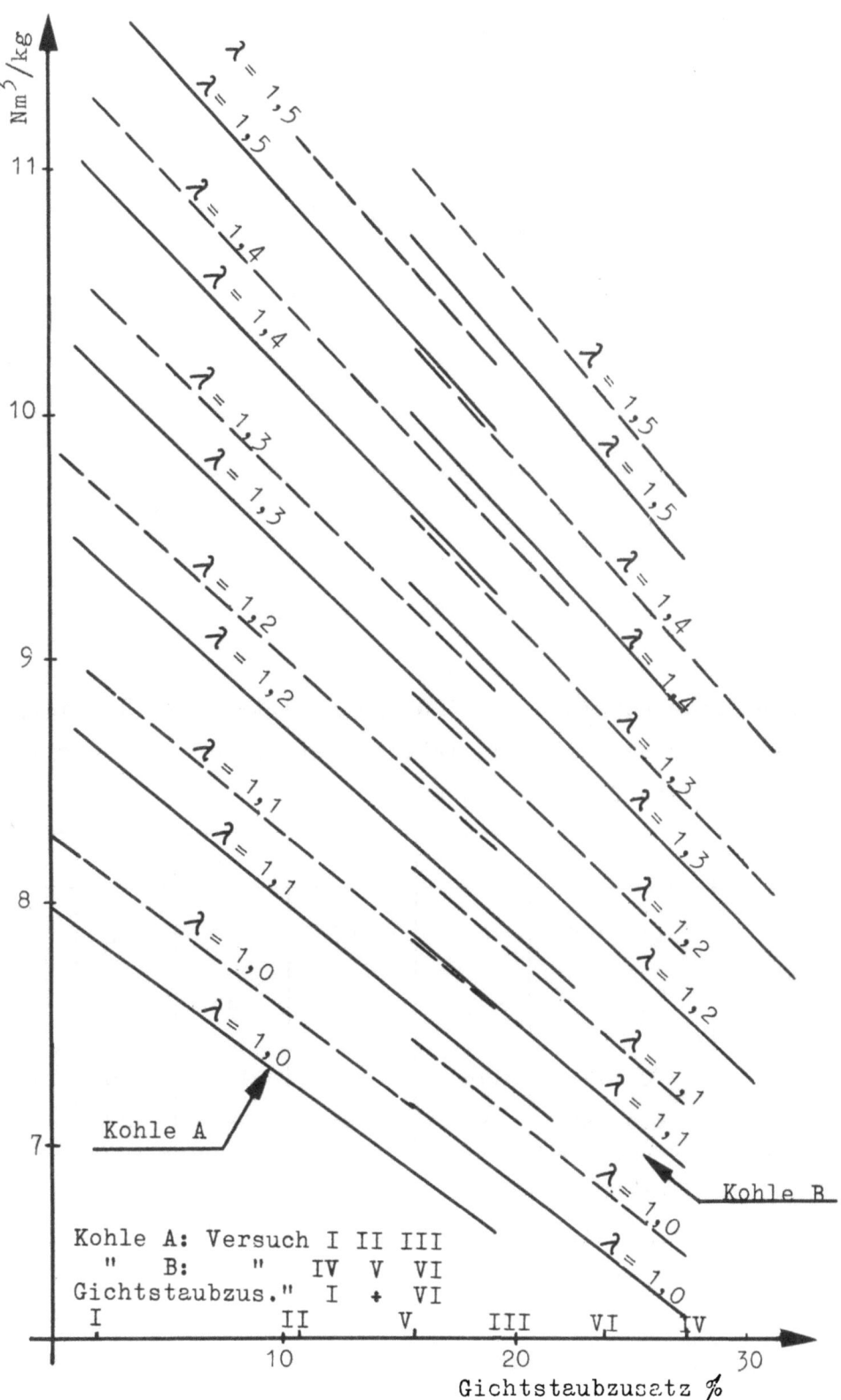

A b b i l d u n g   4

Luftbedarf und feuchtes Rauchgasvolumen

———Luft ----V_{feucht}

Seite 43

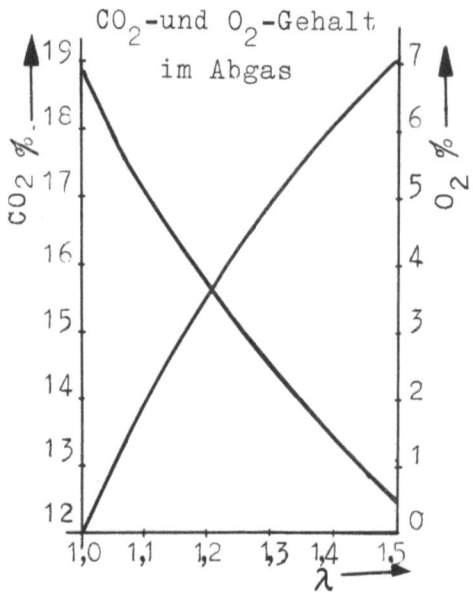

Abbildung 5

CO_2- und O_2-Gehalt im Abgas

Die Dampfmenge wurde konstant auf 100 t/h gehalten. Die Heißdampftemperatur schwankte, wie nachfolgende Tabelle zeigt, nur sehr wenig, dagegen wies der Druck größere Differenzen auf.

		I	II	III	IV	V	VI
Dampfmenge	t/h	100	100	100	100	100	100
Heißdampftemperatur	°C	512	512	513	511	511	515
Speisewassertemperatur	°C	175	176	176	176	176	176
Druck	atü	95	91	95	94	88	90

Die Lufttemperatur bei Luvoaustritt ist in Abbildung 6, Kurve 14, gezeichnet, die Zugverhältnisse im Feuerraum und vor Luvo in Abbildung 6, Kurve 13. Die Lufttemperatur schwankte nur sehr geringfügig, ebenso der Zug im Feuerraum. Aus den Luftzahlen (Abb. 6, Kurve 11), die aus den CO_2- und O_2-Messungen im Feuerraum und vor Luvo und den errechneten Abgaszusammensetzungen bestimmt wurden, ergibt sich, daß außer Versuch 6 bei allen Versuchen die Luftzahlen im Feuerraum zu hoch gefahren wurden. Sie liegen zwischen 1,2 und 1,3. Zur Bestimmung der Luftzahlen am Kesselende wurde zu dem CO_2-Wert vor Luvo ein Wert von 0,5 % CO_2 hinzugezählt.

Forschungsberichte des Wirtschafts- und Verkehrsministeriums Nordrhein-Westfalen

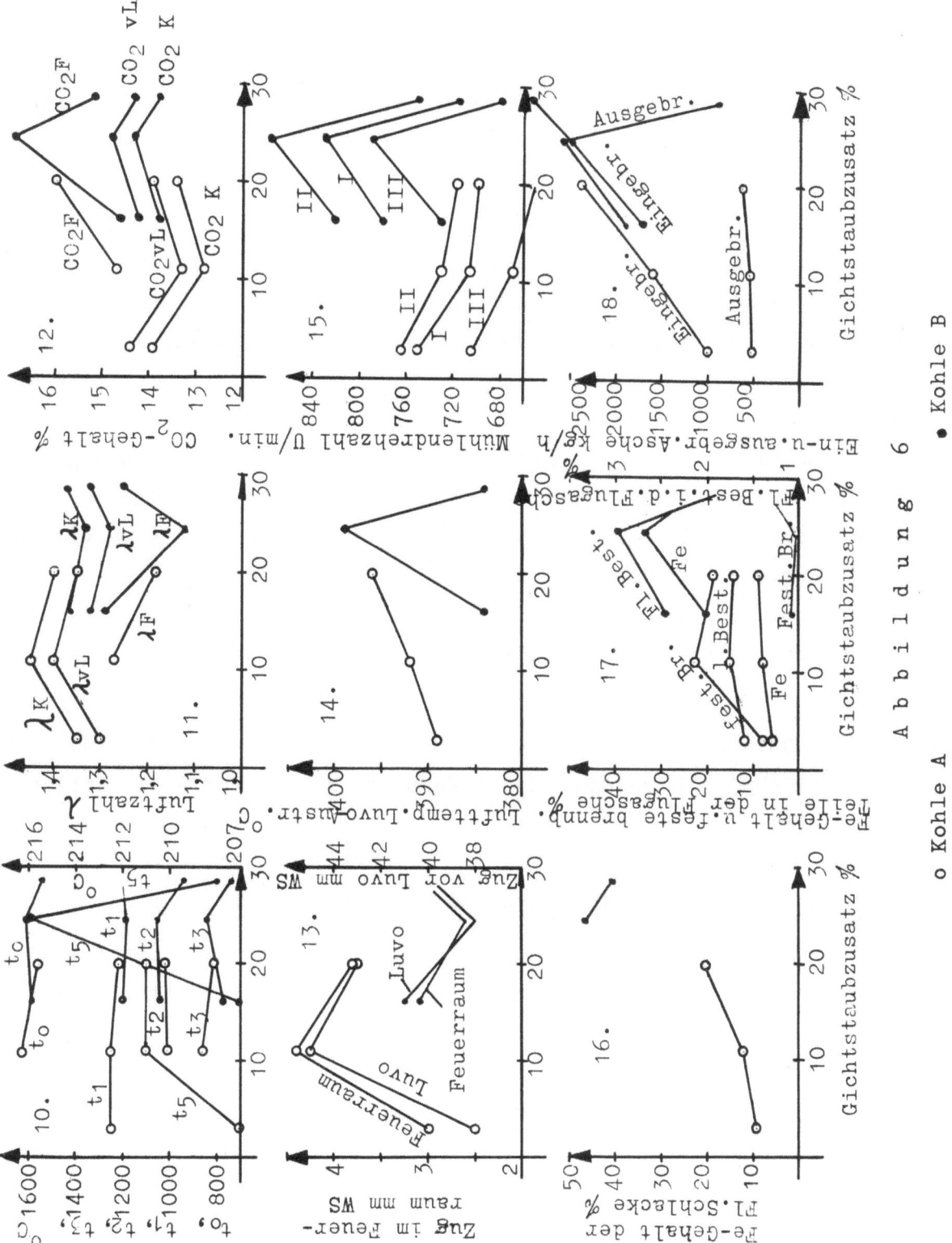

Abbildung 6   o Kohle A   • Kohle B

Seite 45

Damit liegen die Luftzahlen am Kesselende zwischen 1,35 und 1,45. Aus diesen Werten ist zu sehen, daß der Kessel mit zu viel Luft gefahren wurde, was sich auch in den Temperaturen im Feuerraum äußerte. Die CO_2-Werte (Abb. 6, Kurve 12) im Feuerraum liegen zwischen 15 und 16 % und am Kesselende zwischen 13 und 14 %. Die Temperaturen im Feuerraum (Abb. 6, Kurve 10) fallen mit zunehmender Gichtstaubbelastung von etwa 1640 auf 1540°C. Diese Temperaturen sind mit einem Bioptix-Gerät gemessen worden, die anderen hingegen mit Thermoelementen. Die Abgastemperatur (t_5, Abb. 6, Kurve 10) steigt geringfügig an. Aus den errechneten Verlusten ergab sich der Kesselwirkungsgrad, der in Abbildung 3, Kurve 1, aufgetragen ist. Wegen des ungleichmäßigen Schlackenausflusses wurde zur Bestimmung des Feuerungs- und Schlackenverlustes angenommen, daß im Mittel ca. 75 % der eingebrachten Schlackenmenge bei Dauerbetrieb flüssig abgezogen wird. Mit zunehmender Belastung fiel der Wirkungsgrad von 89 auf 88 %. Berücksichtigt man die Fehlermöglichkeit bei der Bestimmung des Feuerungs- und Schlackenverlustes, so kann gesagt werden, daß der Kesselwirkungsgrad praktisch nicht verschlechtert wurde. Der Abgasverlust (Abb. 3, Kurve 2) schwankt zwischen 8,8 und 9,6 %, der Feuerungs- und Schlackenverlust zwischen 1,0 und 2,3 %. Da bei dem Versuch mit der größten Gichtstaubbelastung der Abgasverlust kleiner ist als bei Versuch I, gleicht sich der angestiegene Feuerungs- und Schlackenverlust aus.

Aus diesen Unterlagen ergibt sich, daß unabhängig von dem Gichtstaubzusatz praktisch der Wirkungsgrad des Kessels und der Kesselbetrieb unverändert bleiben.

3. Laufeigenschaften der Schlacke und Schlackenmengen

Der Schlackenfluß bei normaler Kohlenfeuerung war an dem Kessel sehr zäh und langsam. Bei dem Versuch mit dem geringsten Gichtstaubzusatz schien der Fluß noch zähflüssiger und langsamer vor sich zu gehen, während bei erhöhtem Gichtstaubzusatz der Schlackenfluß immer dünnflüssiger wurde und schließlich bei dem Versuch mit 28,5 % Gichtstaub fast wasserähnlich wurde. Die Bestimmung der ein- und ausgebrachten Schlackenmenge ergab jedoch, daß bei den ersten Versuchen (I - IV) eine Ansammlung der Schlacke im Feuerraum erfolgte, die erst mit den Versuchen V und VI begann, ausgetragen zu werden. Aus Abbildung 6, Kurve 18, ist zu ersehen, daß beim Versuch I etwa 50 % der eingebrachten, bei Versuch III etwa 30 %

der eingebrachten Schlackenmenge flüssig abgezogen wurde. Bei den Versuchen V und VI dagegen wurde mehr Schlacke flüssig ausgetragen, als überhaupt in den Kessel eingebracht wurde. Nach Abschluß der Versuche war noch etwa 4 Stunden ein starker Aschenauslauf aus dem Kessel zu beobachten. Aus den Versuchszahlen und der Menge der eingebrachten Asche läßt sich errechnen, daß etwa 5 - 7 cm (bei gleichmäßiger Verteilung) Schlacke sich auf dem Feuerraumboden angesammelt hatte. Dieses Ansammeln der Schlacke im Feuerraum läßt sich durch die absinkende Temperatur im Feuerraum, die zu hohe Luftzahl und die ungleichmäßige Beaufschlagung erklären. Die Versuchsdauer betrug im Mittel ca. 3 Stunden. Diese Zeit ist wesentlich zu kurz. Zur Erzielung eines Gleichgewichtszustandes hätte jeder Versuch wenigstens über 12 Stunden gehen müssen. Im Prinzip ist aber zu sehen, daß der Zusatz von Gichtstaub einen wesentlich dünnflüssigeren Schlackenfluß ergibt. Die Untersuchung des Eisengehaltes der flüssigen Schlacke (alle Eisenoxyde auf Fe umgerechnet) ergab bei einer Gichtstaubbelastung bis zu 20 % ein Ansteigen von 10 auf 20 % Fe, die höheren Belastungen einen Eisengehalt von über 40 % (Tab. 6, Kurve 16). Nach den Untersuchungen der Schlacken im Institut für Eisenhüttenwesen der Technischen Hochschule in Aachen ergaben sich folgende Werte:

	Fe III	Fe II	Oxydationsgrad (Fe_2O_3 = 100 %)
Versuch I	0,8	6,6	68,2
" II	1,35	10,2	69,5
" III	1,85	15,8	68,2
" IV	3,15	27,1	68,6
" V	5,1	28,6	69,3
" VI	3,7	27,6	68,4

Für den Gichtstaub war von diesem Institut festgestellt worden:

Fe II	Oxydationsgrad	Fe met.
28,0	45,3	11,65

Daraus ergibt sich, daß eine Aufoxydation zu FeO und Fe_2O_3 stattgefunden hat. Der Oxydationsgrad ist praktisch unabhängig von der Belastung in gleicher Höhe geblieben. Er hat den etwa erwarteten Wert. Von Versuch I ist eine Schlackenanalyse bei einer Veraschungstemperatur von 800°C angefertigt worden, die folgende Zusammensetzung zeigt:

Kieselsäure	SiO_2	49,9 %
Eisenoxyde	Fe_2O_3	12,8 %
Aluminiumoxyde	Al_2O_3	23,9 %
Kalziumoxyde	CaO	10,8 %
Magnesiumoxyde	MgO	1,32%
Mangan	MnO	0,25%
Sulfat	SO_2	Spuren
Phosphat	P_2O_5	Spuren

Eigene Laboruntersuchungen ergaben für die Schlacke des Versuches IV und VI folgende Werte:

Fe_2O_3	FeO	Fe	Summe
16,05	10,44	10,8	36,69
22,4	25,7	10,56	58,67

Eine Schlackenbilanz läßt sich wegen des ungleichmäßigen Schlackenausflusses und der Ansammlung im Feuerraum nicht durchführen, ebenso hat die Feststellung der spezifischen Werte, wie Einbindungsgrad, Flugstaubbelastung der Abgase, wenig Wert. Einzelne Schlackenbrocken weisen einen Eisengehalt (Oxyde alle auf Fe umgerechnet) von 99 % auf.

In Abbildung 6, Kurve 17, sind der Eisengehalt, der Gehalt der flüchtigen Bestandteile und der Gehalt der festen Brennteile der Flugasche aufgetragen. Bei einer Gichtstaubbelastung von 0 - 15 % beträgt der Eisengehalt etwa 10 %, bei höheren Belastungen ca. 25 - 30 %. Der Gehalt an flüchtigen Bestandteilen steigt von 1,5 - 3 %, fällt aber bei den großen Belastungen wieder auf 2 % zurück. Zunächst ansteigende und dann fallende Werte zeigt auch die Kurve der festen Brennteile. Daraus wäre zu entnehmen, daß bei den hohen Gichtstaubbelastungen der Anteil an Unverbranntem kleiner ist als bei kleineren Gichtstaubanteilen.

4. Rohrablagerungen

Während jedes Versuches wurde ein wassergekühltes Kupferrohr eine Stunde an den Meßstellen 1, 2, 3 und 4 (Abb. 2) eingesetzt, die darauf erfolgenden Ablagerungen entfernt und im Labor untersucht. In Abbildung 7, Kurve 19,

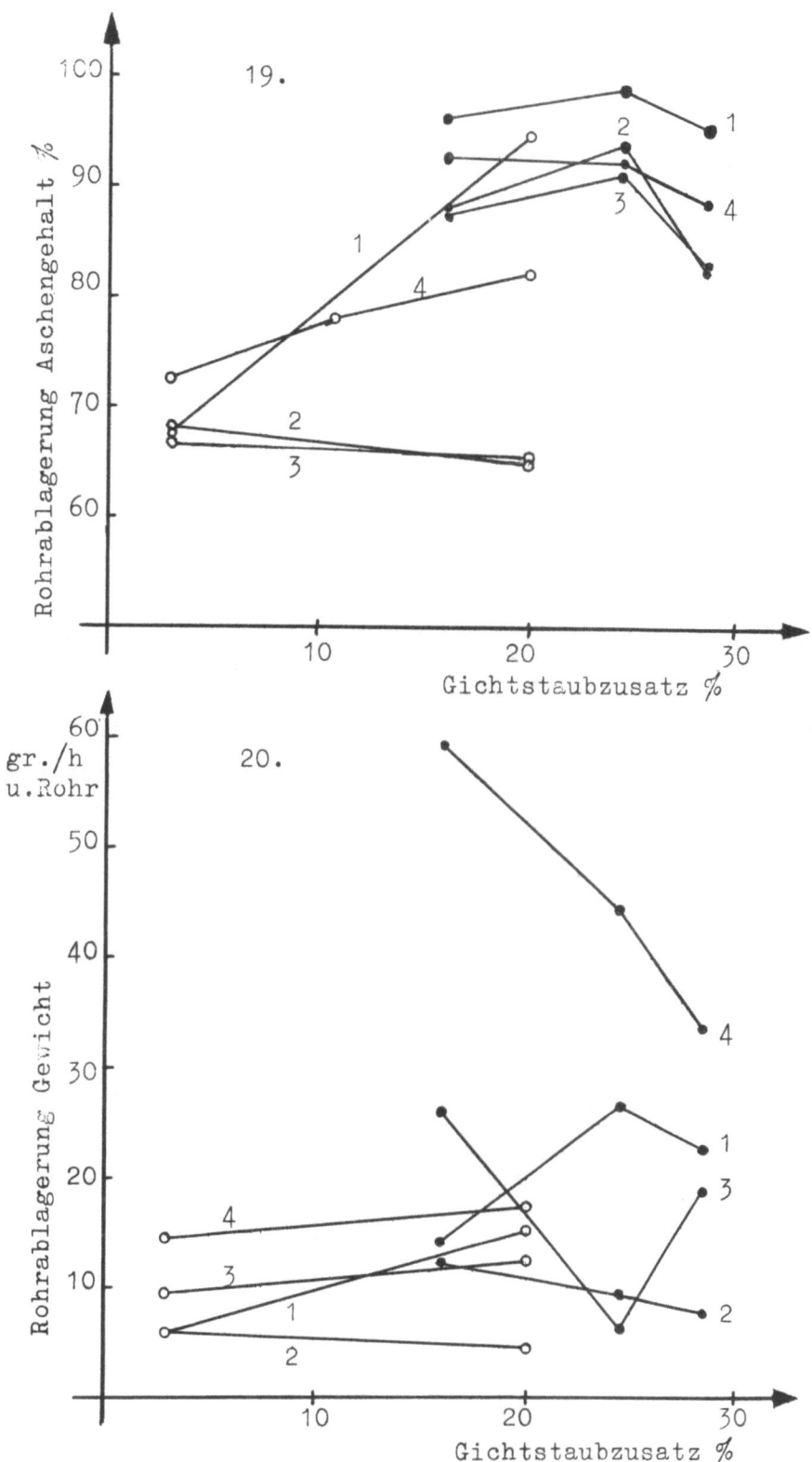

Abbildung 7
o Kohle A (I + III)   • Kohle B (IV + VI)

ist der Aschengehalt dieser Ablagerungen, auf Kurve 20 die Gewichtsmenge
aufgetragen. Dazu sind von Versuch VI und bei Kesselbetrieb ohne Gichtstaubzusatz an der Meßstelle 3 Vollanalysen angefertigt worden. Sie haben folgende Werte ergeben:

	0 % Gichtstaub	24,4 % Gichtstaub
SiO_2	40,05	9,5
Fe_2O_3	19,3	62,17
Al_2O_3	23,25	5,41
CaO	9,64	16,20
MgO	1,1	0,95
MnO	0,81	0,55
SO_3	3,15	4,20
P_2O_5	2,04	1,42

Zu diesen Werten ist zu sagen, daß wegen des wassergekühlten Rohres eine
Taupunktunterschreitung stattgefunden hat. Die Zusammensetzung der Ablagerungen entspricht den erwarteten Werten. Die abgelagerten Mengen zei-
gen, Abbildung 7, Kurve 20, bei der Kohle A eine geringfügig steigende
Tendenz, bei der Kohle B steigende Tendenz bei den Meßstellen 1 und 3,
fallende bei den Meßstellen 2 und 4. Berücksichtigt man dazu, daß bei
einer Gichtstaubbelastung von z.B. 20 % der Aschengehalt des Brennstoffes bei Kohle A ca. das Doppelte beträgt als bei Versuch I (3 % Gichtstaub), so kann festgestellt werden, daß ebenso wie mit der Kohle B entsprechend der Aschenmenge geringere Verschmutzungen auftreten. Der Aschengehalt der Ablagerungen liegt bei Verwendung der Kohle B wesentlich höher
als bei der Kohle A. Die Ablagerungen der einzelnen Meßstellen hatten
folgendes Aussehen:

Versuch I: Dünne, harte Schicht bei Meßstelle 1, ab Meßstelle 2
stark sandiger, gelber Aschenansatz, lose.

Versuch II: Meßstelle 1 silbergrauer, harter Belag, Meßstelle 2 - 4
dunkler, loser bis fester Belag.

Versuch III: ähnlich II.

Versuch IV: Loser Belag bei Meßstelle 1, <u>ohne</u> darunterliegender, harter Schicht, Belag sehr dunkel, Meßstelle 2 harte, dünne Schicht mit daraufliegendem losem Belag, Meßstelle 3 und 4 loser Belag.

Versuch V: Wie Versuch IV, Belag bei 1, 3 und 4 dunkel, rotbraun, bei 2 kaum loser Ansatz, untere Schicht grau, silbrig, dünn und hart.

Versuch VI: Auch bei Meßstelle 2 keine harte Schicht, sondern 2 lose Schichten, dabei die untere sehr dünn, hell, leicht lösbar, obere dunklere Schicht ebenfalls lose, bei Meßstelle 1 dicker, loser Belag, ohne harte Schicht.

Mit steigendem Gichtstaubzusatz erfolgt eine Verschiebung der harten Ablagerungen in die kälteren Kesselteile; die Ablagerungsschichten in den kälteren Kesselteilen setzen sich aus 2 Teilen, aus einer dünnen, harten und dickeren, losen Schicht, zusammen.

5. Zusammenfassung der Versuchsergebnisse

Es wurden Einschmelzversuche mit Gichtstaubzusätzen von 3 - 28,5 % untersucht. Dabei ergab sich:

1. der Kesselbetrieb wird praktisch nicht gestört, der Kesselwirkungsgrad ändert sich kaum;

2. mit zunehmendem Gichtstaubzusatz wird der Schlackenfluß dünnflüssiger, es erfolgt eine Aufoxydierung des Eisens vom Gichtstaub, der Oxydationsgrad ist praktisch unabhängig von der Gichtstaubbelastung;

3. die Ablagerungen auf den Rohren werden im Verhältnis zu den eingeführten Aschenmengen geringer, die festen Ablagerungen auf den Rohren verschieben sich in kältere Kesselteile, der Anteil des Unverbrannten im Flugstaub wird mit steigender Gichtstaubbelastung kleiner.

IV. Versuche zur Verhüttung von Eisenerzen im Schmelzzyklon

Die vorangehenden Versuche in Gummersbach, Duisburg und Karnap hatten gezeigt, daß es möglich ist, beträchtliche Mengen an Eisenerzen in einem Schmelzkessel einzuschmelzen und daß außerdem die Möglichkeit besteht, das Eisen nahezu vollständig in einem dem Schmelzkessel nachgeschalteten Drehtrommelofen aus der Schlacke zu gewinnen.

Mit diesen Ergebnissen ist die Durchführbarkeit der einfachsten Ausführungsform des zu entwickelnden Schmelzkammer-Staubverhüttungsverfahrens bewiesen. Diese einfachste Ausführungsform besteht nach den in der Einleitung dargelegten Grundlagen des Verfahrens in der Gewinnung von Eisen als Nebenprodukt der Dampfgewinnung im Schmelzkessel.

Die weiterhin durchgeführten Versuche sollten einmal der Verbesserung des in den vorangehenden Versuchen entwickelten einfachsten Schmelzkammer-Staubverhüttungsverfahrens dienen, zum anderen aber auch die Möglichkeiten einer gesteigerten Eisengewinnung untersuchen, die schließlich das Ziel hat, Eisen als Hauptprodukt eines solchen Verfahrens herzustellen.

Für den der Dampferzeugung dienenden Schmelzkessel bedeutet zweifellos die nachgeschaltete Schlackenreduktionsanlage eine Komplizierung, die auch mit nicht unerheblichen Anlagekosten verbunden ist. Es ist deshalb zweckmäßig, das Verfahren der Eisengewinnung im Schmelzkessel so weiterzuentwickeln, daß die Reduktion der Eisenerze möglichst weitgehend bereits im Schmelzkessel erfolgt, so daß die nachgeschaltete Schlackenreduktionsanlage entlastet wird und entsprechend klein gehalten werden kann. Bei dem Versuch in Karnap konnte eine nennenswerte Reduktionswirkung im Schmelzkessel nicht festgestellt werden; im Gegenteil ergab sich, daß offensichtlich das im Gichtstaub enthaltene metallische Eisen in der oxydierenden Atmosphäre des Schmelzkessels aufoxydiert wurde. Allerdings wurde der Kessel in Karnap während der gesamten Versuchsperiode mit erheblichem Luftüberschuß gefahren, so daß mit diesem Versuch nicht geklärt worden ist, ob es möglich ist, bei primär reduzierender Verbrennung beträchtliche Reduktionswirkungen auf das Eisenerz auszuüben. Die ursprünglich vorgesehenen weiteren Versuche im Kessel 7 des Kraftwerks Karnap mit reduzierender Verbrennung wurden nicht durchgeführt, weil die Konstruktion dieses Schmelzkessels ein gewisses Gefahrenmoment bei der Ansammlung größerer Mengen an flüssigem Eisen und plötzlicher Entleerung derselben in das Wasserbad ergeben hätte. Es wurde für richtig angesehen, derartige Versuche in einem kleineren Aggregat, insbesondere mit trockenem Austrag durchzuführen.

Zu diesem Entschluß trug bei die Erkenntnis, daß ein normaler Schmelzkammerkessel für eine reduzierende Verbrennung, d.h. also eine Primärverbrennung mit erheblichem Luftunterschuß wenig geeignet ist, weil eine klare Trennung zwischen den Zonen der Primärverbrennung und der Sekundärverbrennung nicht möglich ist. Viel günstigere Verhältnisse ergeben sich in dieser Hinsicht bei einem Zyklon-Schmelzbrenner, oder Schmelzzyklon. Die weitergehenden Versuche wurden deshalb in dem Versuchsschmelzzyklon der Firma L. & C. Steinmüller in Gummersbach durchgeführt.

In den Abbildungen 8 und 9 sind zwei Schnitte durch den Versuchsschmelzzyklon in Gummersbach wiedergegeben, und zwar ein Schnitt durch die

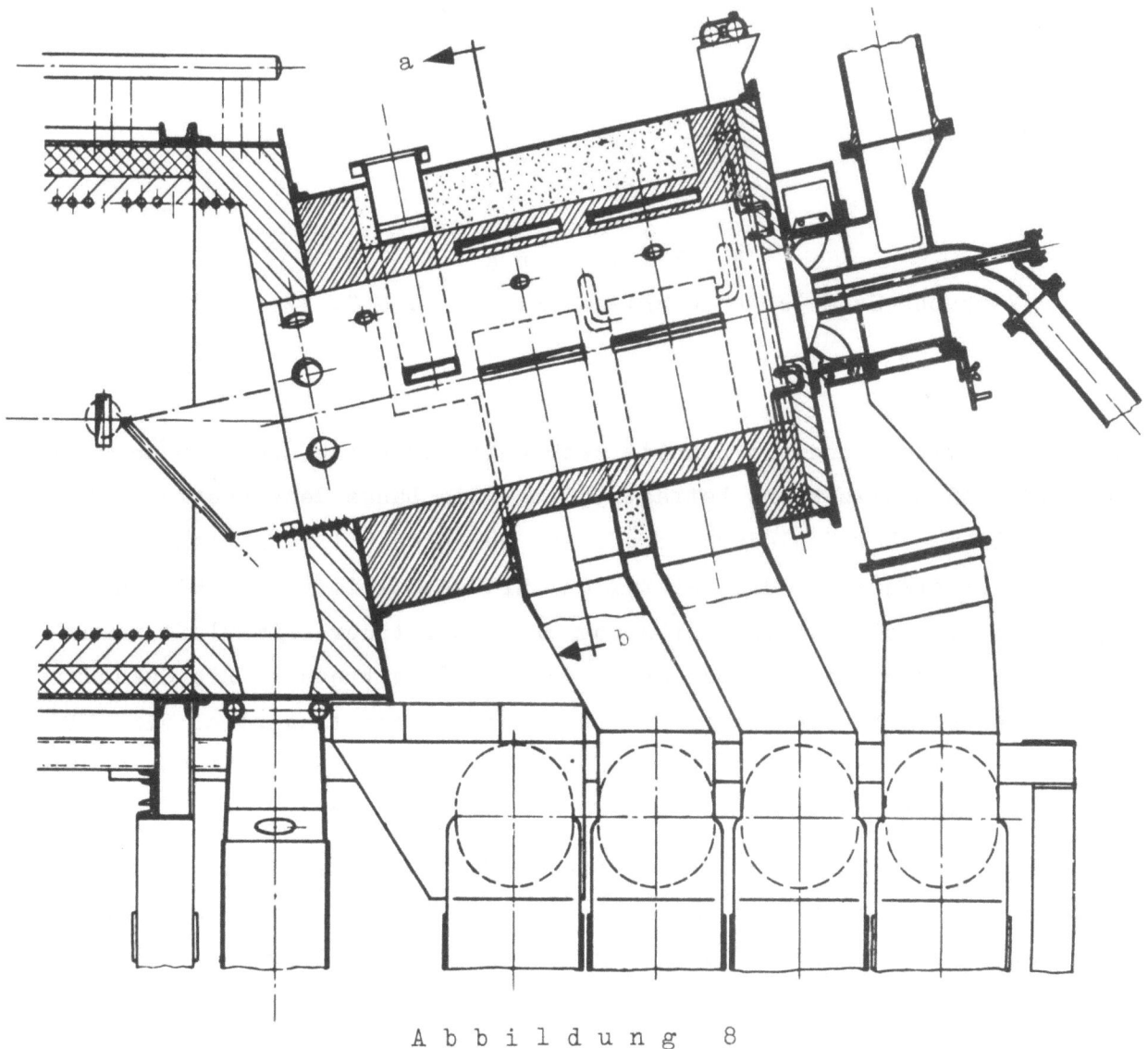

Abbildung 8

Versuchs-Schmelzbrenneranlage der Fa. L. & C. Steinmüller

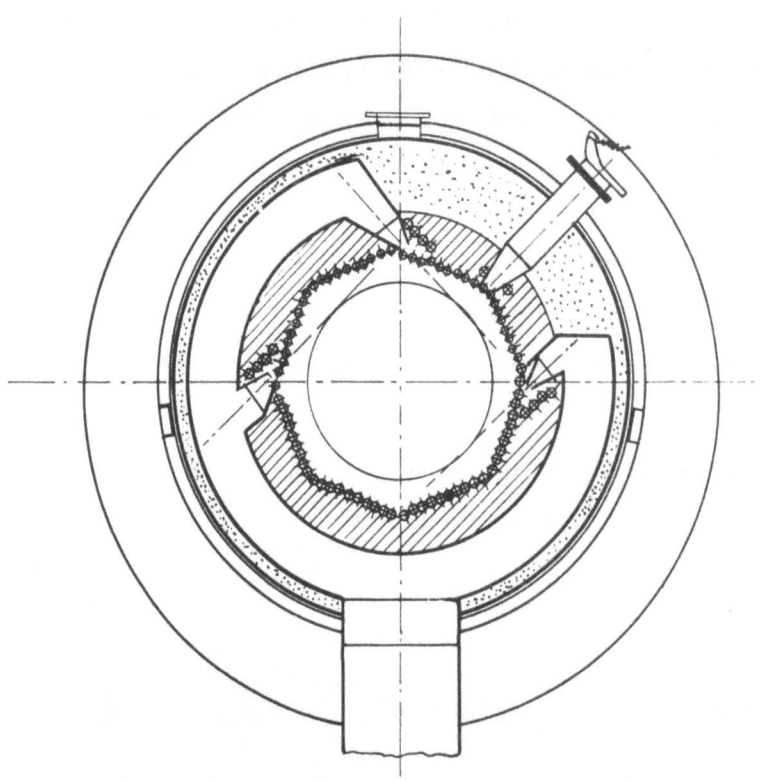

Abbildung 9

Versuchs-Schmelzbrenneranlage der Fa. L. & C. Steinmüller

Schnitt 9 ÷ 6

Achse des Zyklons und ein Schnitt senkrecht zur Achse. Der Innendurchmesser des Schmelzzyklons beträgt 950 mm, die Länge des Innenraums beträgt 2200 mm. Der Kohledurchsatz liegt bei etwa 1 t/h. In dem Längsschnitt ist erkennbar, daß der Zyklon zur Gasaustrittsseite hin schwach geneigt ist. Die Brennstoffzuführung erfolgt mit der Primärluft normalerweise durch einen vor Kopf angebrachten Wirbelbrenner. Die Sekundärluft wird durch Einlaßschlitze in der Mantelfläche tangential eingeblasen, und zwar sind, über die Länge des Zyklons verteilt, 3 Einlaßschlitze für Sekundärluft vorhanden.

Der Versuchsschmelzzyklon hat als Besonderheit vor der Gasaustrittsöffnung eine schräg gestellte, gekühlte Platte, die eine scharfe Umlenkung des Gasstromes bewirkt und der Abscheidung der im Gasstrom enthaltenen Flüssigkeitspartikel dient.

Das Eisenerz wurde bei den Versuchen im Schmelzzyklon der durch den Wirbelbrenner eingeblasenen Kohle beigemischt. Die hocheisenhaltige Schlacke tropfte in dem Schacht unterhalb des Auslasses des Schmelzzyklons nach unten. Bei den ersten Versuchen wurde die Schlacke noch im Wasser granuliert. Es zeigte sich hierbei, daß infolge der sehr großen Schlackenmengen eine sehr erhebliche Wasserverdampfung in dem Wasserbad eintrat, so daß große Mengen Dampf aus dem Schlackenschacht nach oben entwichen, die eine starke Kühlwirkung auf das Auslaßende des Schmelzzyklons ausübten. Es wurde deshalb zu einem trockenen Austrag übergegangen, der diese Schwierigkeiten beseitigte. Dieser trockene Austrag lag ohnehin im Programm der Versuche, da es eine Nebenabsicht dieser Versuche war, die weitere Verwendbarkeit solcher in einem Schmelzzyklon erschmolzenen hocheisenhaltigen Schlacken für Verhüttungszwecke festzustellen.

Z. Zt. der Abgabe dieses Berichtes liegen die Ergebnisse der Versuchsreihe im Schmelzzyklon noch nicht vollständig vor. Die nachfolgend mitgeteilten Ergebnisse sind der Stand am 15.8.1956.

1. Versuchsergebnisse

Der größte Teil der Versuche verwandte als Brennstoff eine Ruhr-Fettkohle mit ca. 6 % Asche und ca. 23 % flüchtigen Bestandteilen. Ein Teil der Versuche wurde mit Steinkohle der Zeche Bismarck mit ca. 27 % Asche und ca. 25 % flüchtigen Bestandteilen durchgeführt. Als Eisenerz diente bei den in diesem Bericht mitgeteilten Versuchen der gleiche Gichtstaub, der im Versuch beim Kraftwerk Karnap verwendet wurde. In der Tabelle 8 sind die charakteristischen Analysenwerte der Brennstoffe und des Erzstaubes enthalten. Der Schmelzzyklon wurde bei jedem Versuch zunächst ohne Erzstaubzusatz in Betrieb genommen, bis der Schlackenfluß und die Temperaturen in der Beharrung waren. Dies dauerte ca. 1 1/2 Stunde. Dann wurde die für den Versuch vorgesehene Erzstaubmenge der Kohle beigemischt und das gewünschte Luftverhältnis eingestellt. Zunächst wurde mit normalen Luftüberschußzahlen gefahren, dann wurden Versuche mit fortschreitendem Luftmangel durchgeführt. In den Tabellen 9 bis 18 sind die z.Zt. nur vorliegenden ausgewerteten Ergebnisse der Versuche vom 8.2., 9.2., 12.3. und 22.3.1956 enthalten. Die Ergebnisse dieser Versuche werden wie folgt zusammengefaßt:

1. In dem Schmelzzyklon der Firma L. & C. Steinmüller ist ein einwandfreier Verbrennungs- und Schmelzbetrieb unter hohen Zusätzen von Gichtstaub möglich. Der mittlere Aschengehalt der Summe von Brennstoffasche

plus Gichtstaub konnte ohne weiteres bis über 45 % gebracht werden.

2. Der Feuerungsbetrieb wurde auch durch das Fahren mit einem hohen Kohleüberschuß nicht wesentlich beeinträchtigt. Die geringste Luftverhältniszahl bei diesen Versuchen betrug etwa 0,8. Ein wesentlicher Einfluß des Kohle-Luftverhältnisses auf den Reduktionsgrad der abgezogenen Schlacken konnte in dem Bereich der Luftverhältniszahl von 0,8 bis 1,2 nicht festgestellt werden. Der Oxydationsgrad der Schlacke lag höher als der des eingeblasenen Gichtstaubes, in dem bereits metallisches Eisen enthalten war. Die Oxydation des Eisens im Gichtstaub war am stärksten bei hohen Luftüberschußzahlen.

3. Bei trockenem Schlackenabzug hatte die Schlacke eine poröse Konsistenz mit rauher Oberfläche, so daß sie gegenüber der normalen im Wasser abgeschreckten glasigen Steinkohlenschlacke verhüttungsmäßig vorteilhafter erscheint.

Tabelle 8

Chemische Analysen der Brennstoff-Asche und der unverbrennlichen Bestandteile des Gichtstaubes

		Fettkohle	Feinkohle Bismarck	Gichtstaub
Kieselsäure (SiO_2)	%	38,0	45,91	7,58
Eisenoxyd (Fe_2O_3)	%	33,90	19,40	74,20
Aluminiumoxyd (Al_2O_3)	%	16,12	23,40	7,35
Calciumoxyd (CaO)	%	4,40	5,63	7,35
Magnesiumoxyd (MgO)	%	1,11	1,67	1,05
Manganoxyd (MnO)	%	3,23	1,92	1,92
Sulfat (SO_3)	%	1,33	1,05	-
Phosphat (P_2O_5)	%	1,73	0,75	0,28

Tabelle 9

Versuchsdaten vom 8.2.1956

1. Ablesung		
Kohlendurchsatz	677	kg/h
Gichtstaubdurchsatz	381	kg/h
mittlerer Aschengehalt der Mischung	33	%
Luftverhältnis n = 1,26		
Sekundärlufttemperatur	ca. 390	°C
Aufteilung der Verbrennungsluft		
Staubluft	12	%
Mantelluft	10	%
1. Sekundärluft	28	%
2. Sekundärluft	27	%
3. Sekundärluft	23	%

Mittlere Austrittsgeschwindigkeit der Sekundärluft	65 m/Sekunde
Wärmedurchsatz: mit Luft	$7,0 \cdot 10^6$ kcal/h
Wärmedurchsatz: ohne Luft	$5,84 \cdot 10^6$ kcal/h
Spezifische Belastung (bezogen auf die Muffel) ohne Luft	$4,5 \cdot 10^6$ kcal/m³h
Spezifische Belastung (bezogen auf die Muffel) mit Luft	$5,4 \cdot 10^6$ kcal/m³h
Querschnittsbelastung der Muffel ohne Luft	$9,5 \cdot 10^6$ kcal/m²h
Querschnittsbelastung der Muffel mit Luft	$1,16 \cdot 10^6$ kcal/m²h
maximale Temperatur im letzten Muffeldrittel	1675 °C

Tabelle 10
Oxydationsgrade des Eisens in Aschen und Schlacken

		Fe^{III}	Fe^{II}	Fe met	Fe_2O_3	Oxydations-grad
Fettkohle	%	23,7	-	-	33,9	100
Gichtstaub	%	10,8	23,3	7,43	59,25	64
Gemisch aus Fettkohle u. Gichtstaub	%	12,0	21,0	6,72	56,6	65,9
Schlacke	%	10,65	20,5	0,62	45,3	76,6

Die angegebenen Werte in Gewichtsprozenten beziehen sich jeweils auf die Aschengehalte

2. Ablesung	
Kohlendurchsatz	683 kg/h
Gichtstaubdurchsatz	455 kg/h
mittlerer Aschengehalt der Mischung	36 %
Luftverhältnis n = 1,25	
Sekundärlufttemperatur	ca. 390 °C
Aufteilung der Verbrennungsluft	
Staubluft	11,5 %
Mantelluft	10,5 %
1. Sekundärluft	29,0 %
2. Sekundärluft	29,0 %
3. Sekundärluft	20,0 %

Mittlere Austrittsgeschwindigkeit der Sekundärluft 65 m/Sekunde

Wärmedurchsatz: mit Luft $7,1 \cdot 10^6$ kcal/h

Wärmedurchsatz: ohne Luft $5,9 \cdot 10^6$ kcal/h

Spezifische Belastung (bezogen auf die Muffel) mit Luft $5,5 \cdot 10^6$ kcal/m³h

Spezifische Belastung (bezogen auf die Muffel) ohne Luft $4,5 \cdot 10^6$ kcal/m³h

Querschnittsbelastung der Muffel mit Luft $1,2 \cdot 10^7$ kcal/m²h

Querschnittsbelastung der Muffel ohne Luft $1 \cdot 10^7$ kcal/m²h

maximale Temperatur im letzten Muffeldrittel 1660 °C

Tabelle 11

Oxydationsgrade des Eisens in Aschen und Schlacken

		Fe^{III}	Fe^{II}	Fe met	Fe_2O_3	Oxydations-grad
Fettkohle	%	23,7	-	-	33,9	100,0
Gichtstaub	%	10,8	23,3	7,43	59,25	64,0
Gemisch aus Fettkohle u. Gichtstaub	%	11,9	19,6	6,83	54,8	65,6
Schlacke	%	11,0	21,0	1,42	48,0	75,0

Die angegebenen Werte in Gewichts-Prozenten beziehen sich jeweils auf die Aschengehalte

Tabelle 12

Versuchsdaten vom 9.2.1956

1. Ablesung	
Kohlendurchsatz	630 kg/h
Gichtstaubdurchsatz	570 kg/h
mittlerer Aschengehalt der Mischung	42 %
Luftverhältnis n = 1,15	
Sekundärlufttemperatur	ca. 390 °C
Aufteilung der Verbrennungsluft	
Staubluft	12 %
Mantelluft	10 %
1. Sekundärluft	30 %
2. Sekundärluft	28 %
3. Sekundärluft	20 %

Mittlere Austrittsgeschwindigkeit der Sekundärluft	70 m/Sekunde
Wärmedurchsatz: mit Luft	$7,0 \cdot 10^6$ kcal/h
Wärmedurchsatz: ohne Luft	$6 \cdot 10^6$ kcal/h
Spezifische Belastung (bezogen auf die Muffel) mit Luft	$5,4 \cdot 10^6$ kcal/m³h
Spezifische Belastung (bezogen auf die Muffel) ohne Luft	$4,6 \cdot 10^6$ kcal/m³h
Querschnittsbelastung der Muffel mit Luft	$1,15 \cdot 10^7$ kcal/m²h
Querschnittsbelastung der Muffel ohne Luft	$1 \cdot 10^7$ kcal/m²h
maximale Temperatur im letzten Muffeldrittel	1670 °C

Tabelle 13
Oxydationsgrade des Eisens in Aschen und Schlacken

		Fe^{III}	Fe^{II}	Fe met	Fe_2O_3	Oxydationsgrad
Fettkohle	%	23,7	-	-	33,9	100
Gichtstaub	%	10,8	23,3	7,43	59,25	64
Gemisch aus Fettkohle u. Gichtstaub	%	11,6	21,7	6,93	57,6	65,3
Schlackenprobe 1	%	6,96	26,3	0,29	48,0	73,5
Schlackenprobe 2	%	8,9	15,45	4,53	40,45	68,3

Die angegebenen Werte in Gewichts-Prozenten beziehen sich jeweils auf die Aschengehalte

2. Ablesung	
Kohlendurchsatz	830 kg/h
Gichtstaubdurchsatz	570 kg/h
mittlerer Aschengehalt der Mischung	37 %
Luftverhältnis n = 1,12	
Sekundärlufttemperatur	ca. 390 °C
Aufteilung der Verbrennungsluft	
Staubluft	12 %
Mantelluft	10 %
1. Sekundärluft	30 %
2. Sekundärluft	28 %
3. Sekundärluft	20 %

Mittlere Austrittsgeschwindigkeit der Sekundärluft	70 m/Sekunde
Wärmedurchsatz: mit Luft	$8,2 \cdot 10^6$ kcal/h
Wärmedurchsatz: ohne Luft	$7,24 \cdot 10^6$ kcal/h
Spezifische Belastung (bezogen auf die Muffel) mit Luft	$6,3 \cdot 10^6$ kcal/m³h
Spezifische Belastung (bezogen auf die Muffel) ohne Luft	$5,5 \cdot 10^6$ kcal/m³h
Querschnittsbelastung der Muffel mit Luft	$1,34 \cdot 10^7$ kcal/m²h
Querschnittsbelastung der Muffel ohne Luft	$1,2 \cdot 10^7$ kcal/m²h
maximale Temperatur im letzten Muffeldrittel	1695 °C

Tabelle 14

Oxydationsgrade des Eisens in Aschen und Schlacken

		Fe^{III}	Fe^{II}	Fe met	Fe_2O_3	Oxydations-grad
Fettkohle	%	23,7	-	-	33,9	100
Gichtstaub	%	10,8	23,3	7,43	59,25	64
Gemisch aus Fettkohle u. Gichtstaub	%	11,8	21,4	6,84	57,2	65
Schlackenprobe 1	%	9,74	31,8	2,34	62,7	71,25
Schlackenprobe 2	%	11,7	22,8	0,04	49,4	78,4
Schlackenprobe 3	%	8,9	24,6	2,12	49,5	73,5
Schlackenprobe 4	%	10,7	35,0	0,88	65,5	75,0
Schlackenprobe 5	%	9,0	22,2	-	44,6	74,5

Tabelle 15

Versuchsdaten vom 12.3.1956

Kohlendurchsatz	1238 kg/h
Gichtstaubdurchsatz	446 kg/h
mittlerer Aschengehalt der Mischung	41 %
Luftverhältnis $n < 1$	

Rauchgasanalysen mit Meßstrecke

CO_2	13 %
CO	6,5 %
Wärmedurchsatz: mit Luft	$8,72 \cdot 10^6$ kcal/h
Wärmedurchsatz: ohne Luft	$7,62 \cdot 10^6$ kcal/h
Spezifische Belastung (bezogen auf die Muffel) mit Luft	$6,2 \cdot 10^6$ kcal/m³h
Spezifische Belastung (bezogen auf die Muffel) ohne Luft	$5,4 \cdot 10^6$ kcal/m³h
Querschnittsbelastung der Muffel mit Luft	$1,43 \cdot 10^7$ kcal/m²h
Querschnittsbelastung der Muffel ohne Luft	$1,2 \cdot 10^7$ kcal/m²h

Oxydationsgrade des Eisens in Aschen und Schlacken

	Fe^{III}	Fe^{II}	Fe met	Fe_2O_3	Oxydationsgrad
Feinkohle Bismarck %	13,55	-	-	19,4	100
Gichtstaub %	-	35,8	14,9	73,0	47,7
Gemisch aus Feinkohle u. Gichtstaub %	6,7	18,7	7,6	46,5	58,2
Schlackenprobe 1[+] %	33,0	11,9	-	64,2	91,0
Schlackenprobe 2 %	3,2	20,5	-	34,0	69,1
Schlackenprobe 3 %	5,1	25,4	-	43,6	70,02
Schlackenprobe 4 %	4,45	45,7	-	45,7	69,6

[+]Versuchsbeginn; hoher Luftüberschuß

Forschungsberichte des Wirtschafts- und Verkehrsministeriums Nordrhein-Westfalen

Tabelle 16

Versuchsdaten vom 22.3.1956

1. Ablesung	
Kohlendurchsatz	725 kg/h
Gichtstaubdurchsatz	578 kg/h
mittlerer Aschengehalt der Mischung	38,7 %
Luftverhältnis n = 0,98	
Rauchgasanalysen mit Meßstrecke	
CO_2	17,6 %
CO	2,0 %
Sekundärlufttemperatur	ca. 420 °C
Aufteilung der Verbrennungsluft	
Staubluft	15,0 %
Mantelluft	11,5 %
1. Sekundärluft	25,0 %
2. Sekundärluft	25,5 %
3. Sekundärluft	23,0 %

Mittlere Austrittsgeschwindigkeit der Sekundärluft	58 m/Sekunde
Wärmedurchsatz: mit Luft	$7,67 \cdot 10^6$ kcal/h
Wärmedurchsatz: ohne Luft	$6,65 \cdot 10^6$ kcal/h
Spezifische Belastung (bezogen auf die Muffel) mit Luft	$5,9 \cdot 10^6$ kcal/m³h
Spezifische Belastung (bezogen auf die Muffel) ohne Luft	$5,1 \cdot 10^6$ kcal/m³h
Querschnittsbelastung der Muffel mit Luft	$1,25 \cdot 10^7$ kcal/m²h
Querschnittsbelastung der Muffel ohne Luft	$1,1 \cdot 10^7$ kcal/m²h
maximale Temperatur im letzten Muffeldrittel (Absorption durch aufgewirbelten Staub)	1575 °C

Tabelle 17

Oxydationsgrade des Eisens in Aschen und Schlacken

		Fe^{III}	Fe^{II}	Fe met	Fe_2O_3	Oxydations-grad
Fettkohle	%	23,7	-	-	33,9	100
Gichtstaub	%	-	35,8	14,9	73,0	45,3
Gemisch aus Fettkohle u. Gichtstaub	%	2,1	32,2	13,45	68.7	49,8
Schlackenprobe 1	%	17,5	26,7	-	63,1	78,1
Schlackenprobe 2	%	5,55	30,1	-	51,0	69,7

2. Ablesung

Kohlendurchsatz	600 kg/h
Gichtstaubdurchsatz	550 kg/h
mittlerer Aschengehalt der Mischung	41,5 %
Luftverhältnis n = 1,15	

Rauschgasanalysen mit Meßstrecke

CO_2	17,3 %
CO	0 %
Sekundärlufttemperatur	ca. 420 °C

Aufteilung der Verbrennungsluft

Staubluft	15 %
Mantelluft	11,5 %
1. Sekundärluft	25 %
2. Sekundärluft	25,5 %
3. Sekundärluft	23,0 %
Mittlere Austrittsgeschwindigkeit der Sekundärluft	58 m/Sekunde
Wärmedurchsatz: mit Luft	$6{,}65 \cdot 10^6$ kcal/h
Wärmedurchsatz: ohne Luft	$5{,}68 \cdot 10^6$ kcal/h
Spezifische Belastung (bezogen auf die Muffel) mit Luft	$5{,}1 \cdot 10^6$ kcal/m³h
Spezifische Belastung (bezogen auf die Muffel) ohne Luft	$4{,}35 \cdot 10^6$ kcal/m³h

Tabelle 18

Querschnittsbelastung der Muffel mit Luft		$1,09 \cdot 10^7$ kcal/m²h
Querschnittsbelastung der Muffel ohne Luft		$0,92 \cdot 10^7$ kcal/m²h
maximale Temperatur im letzten Muffeldrittel (Absorption durch aufgewirbelten Staub)		1625 °C

Oxydationsgrade des Eisens in Aschen und Schlacken

		Fe^{III}	Fe^{II}	Fe met	Fe_2O_3	Oxydationsgrad
Fettkohle	%	23,7	-	-	33,9	100
Gichtstaub	%	-	35,8	14,9	73,0	45,3
Gemisch aus Fettkohle u. Gichtstaub	%	2,0	32,7	13,6	68,7	49,8
Schlackenprobe 1	%	8,55	28,1	-	52,4	72,8
Schlackenprobe 2	%	7,1	28,4	-	50,7	71,5
Ablagerungen an einem gekühlten Rohr	%	9,7	42,5	-	74,5	70,7

4. Der Vergleich des Oxydationsgrades der ausgebrachten Schlacke mit dem des eingeführten Gichtstaubes ergibt ein zu ungünstiges Bild hinsichtlich der Reduktionswirkung des Schmelzzyklons. Es konnten nämlich beim Aufprall der flüssigen Schlacke am Boden des Schlackenabführungsschachtes bei hohem Kohleüberschuß des Schmelzbrenners die charakteristischen Sternchen verbrennenden Eisens festgestellt werden. Auch zeigten sich an manchen Stellen, insbesondere innerhalb der Muffel, Ablagerungen von metallischem Eisen. Es ist also, wenn auch in geringen Mengen, metallisches Eisen aus der Schlacke ausgeschieden worden.

2. Reduzierbarkeit der Schlacken

Die hocheisenhaltigen, trocken gekühlten Schlacken der vorstehend beschriebenen Versuche wurden im Institut für Eisenhüttenwesen der T.H. Aachen auf ihr Reduktionsverhalten hin untersucht. Insbesondere sollte festgestellt werden, ob solche Schlacken geeignet sind, im Hochofen als Eisenerz eingesetzt zu werden.

Die Untersuchungen im Eisenhütteninstitut erfolgten nach der dort entwickelten Methode der Reduktion mittels Kohlenoxyd. Bei dieser Standardmethode wird eine bestimmte Eiseneinwaage, - in diesem Fall 1,5 gr Fe - bei einer bestimmten Versuchstemperatur (1000°C) einem CO-Gasstrom bestimmter Stärke ausgesetzt (12 l/h). In Abständen von Minuten werden die in dem abströmenden CO-Gas enthaltenen Mengen an Kohlensäure bestimmt. Aus der Kohlensäuremenge wird auf den Sauerstoffabbau des Erzes pro Zeiteinheit geschlossen.

Abgesehen von den absoluten Werten über die Reduzierbarkeit der Erze erhält man die Möglichkeit eines exakten Vergleiches der Reduzierbarkeit unbekannter Erze mit bekannten Erzen. Es kam im vorliegenden Falle darauf an, die im Schmelzzyklon erschmolzenen Schlacken einzuordnen in die Skala der bekannten Erze, um so deren Brauchbarkeit im Hochofen zu beurteilen.

Die Ergebnisse der Reduktionsversuche im Eisenhütteninstitut in Aachen sind nicht ermutigend hinsichtlich Verwendung der Schmelzzyklonschlacken als Erzeinsatz in den Hochofen. Die meisten der untersuchten Schlacken zeigten bei der Reduktion mit CO bei 1000°C eine sehr geringe CO_2-Entwicklung. Die Reduktion mittels CO lag bei etwa 2 bis 8 %. In ihren Reduktionseigenschaften entsprechen diese Schlacken Fayalitschmelzen, die zu den schlechtest reduzierbaren Eisenverbindungen überhaupt gehören. Nur drei von insgesamt 17 untersuchten Schlacken weisen etwas günstigere Reduktionsmöglichkeiten auf. Auch diese liegen aber hinsichtlich ihrer Reduzierbarkeit nur im Bereich natürlicher Magnetite, wie z.B. die von Gelivara und Kiruna. Die letzteren Erze gehören zu den schwerstreduzierbaren Eisenerzen, die in Hochöfen eingesetzt werden.

Auf Grund dieser Ergebnisse muß festgestellt werden, daß die bei den ersten 4 Versuchen mit Eisenerzzusatz im Schmelzzyklon angefallenen Schlacken für den Einsatz als Erz im Hochofen nicht in Frage kommen.

Der Grund für die schlechte Reduzierbarkeit dieser Schlacken ist darin zu suchen, daß durch die Brennstoffaschen sehr hohe SiO_2-Gehalte in die Schlacke eingebracht werden. In der flüssigen Schlacke findet ein Umsatz der Eisenoxyde mit SiO_2 zu Fayalit ($2 FeO \cdot SiO_2$) statt. Der Fayalit ist, wie Versuche mit reinem Fayalit erwiesen haben, für die Reduzierbarkeit mit Kohlenoxyd praktisch unzugänglich.

Gleichzeitig mit den Schlacken der ersten 4 Schmelzzyklonversuche wurden auch die Schlacken der Einschmelzversuche im Kraftwerk Karnap im Eisenhütteninstitut in Aachen auf ihre Reduzierbarkeit untersucht. Diese Schlacken fielen sämtlich unter den fayalitartigen Typus, d.h. sie besitzen keine Eignung für den direkten Einsatz als Erz im Hochofen.

Vorbehaltlich günstigerer Ergebnisse hinsichtlich des Reduktionsverhaltens der bei den weiteren Versuchen erzielten Schlacken kann festgestellt werden, daß der vereinfachte Weg des Erschmelzens hocheisenhaltiger Schlacken in Schmelzkesseln durch Einblasen von Erzstaub und Verwendung des in Stückform trocken gekühlten Produktes als Erz im Hochofen mangels ausreichender Reduzierbarkeit dieser Schlacken voraussichtlich nicht gangbar ist. Der in der Hauptlinie bei den vorliegenden Versuchen verfolgte Weg, die aus dem Schmelzkessel abfliessende Schlacke direkt im Anschluß an den Kessel mit festem Kohlenstoff zu reduzieren, hat sich damit als zweckmäßiger erwiesen.

3. Weitere Versuche

Es wurden inzwischen in dem Schmelzzyklon in Gummersbach weitere Verhüttungsversuche von Erzstaub durchgeführt, deren Ergebnisse noch nicht vollständig ausgewertet sind und die deshalb in diesem Bericht nur qualitativ mitgeteilt werden können.

Diese Versuche hatten das Ziel, gegenüber den zuvor erzielten Ergebnissen die Reduktionswirkung im Schmelzzyklon zu steigern. Neben einer Reihe von anderen Möglichkeiten wurden bei diesen Versuchen insbesondere zwei Verfahrensweisen in Betracht gezogen. Die naheliegendste Möglichkeit war die, den Kohleüberschuß weiter zu steigern, um so stärker reduzierende Bedingungen im Schmelzzyklon zu erhalten. Die Durchführung dieser Absicht stieß aber bei der vorhandenen Versuchsanlage auf nicht zu überwindende Schwierigkeiten, die in der Hauptsache darin ihren Grund hatten, daß die Kohlevorräte nur für eine Versuchsperiode von jeweils 5 bis 6 Stunden ausreichten. Es war nicht möglich, ausgehend von einer normalen Verbrennung, innerhalb dieser Zeit den Kohleüberschuß bei gleichzeitiger Einhaltung genügend hoher Schmelztemperaturen soweit zu steigern, daß man ein

Luftverhältnis wesentlich geringer als 0,8 erhielt. Die Aufgabe, mit stärker reduzierenden Bedingungen zu fahren, muß deshalb einer größeren Versuchsanlage, die über längere Versuchszeiten in Betrieb gehalten werden kann, vorbehalten bleiben.

Dagegen konnte eine weitere Maßnahme, die der Steigerung der Erzreduktion dient, mit Erfolg erprobt werden. Diese Maßnahme besteht darin, daß ein Teil der Kohle als Reduktionskohle von der durch den Wirbelbrenner eingeführten Kohle abgezogen und tangential in den Schmelzzyklon eingeblasen wurde. Diese tangential eingeführte Kohle wurde in einen der durch die seitlichen Schlitze tangential in den Schmelzzyklon einblasenden Sekundärluftströme gegeben. Die Grundlage für diese Maßnahme war die Vorstellung, daß es notwendig ist, in der Randzone des Schmelzzyklons, in der sich das geschmolzene Eisenerz flüssig absetzt, gegenüber den stark oxydierenden Bedingungen in der Mittelzone einen Kohleüberschuß und damit stärker reduzierende Bedingungen zu schaffen. Dies konnte offensichtlich durch tangential eingeblasene Kohle, die ausgeschleudert wurde, erreicht werden. Insbesondere wurde im Sinne dieser Vorstellung als tangential einzublasende Reduktionskohle eine gröbere Körnung verwandt als sie durch den Wirbelbrenner gegeben wurde.

Die vorstehend geschilderte Maßnahme erwies sich als sehr wirksam für die Steigerung der Reduktionswirkung eines Schmelzzyklons. Es konnten bei diesen Versuchen ca. 40 % des mit dem Erzstaub eingeführten Eisens als metallisches Eisen ausgeschieden werden.

Als Abschluß der Versuche im Schmelzzyklon in Gummersbach wurde ein normaler Eisenerzstaub anstelle des bei den übrigen Versuchen verwandten Gichtstaubes in den Schmelzzyklon eingeblasen. Es ist die Absicht, bei dieser Versuchsreihe festzustellen, ob normale Eisenerzstäube, die in der Hauptsache das Eisen als Fe_2O_3 gebunden enthalten, hinsichtlich ihres Reduktionsverhaltens sich gleichartig verhalten wie Gichtstaub.

V. Zusammenfassung

Der vorliegende Bericht gibt einen Überblick über den derzeitigen Stand einer Entwicklungsarbeit, die in den Jahren 1953 bis 1956 von einer Arbeitsgemeinschaft durchgeführt wurde, an der beteiligt sind: Dr.-Ing. WENZEL/Dipl.-Ing. SCHWENKE, Bad Godesberg, die Firma L. & C. Steinmüller, Gummersbach, und Prof. Dr.-Ing. SCHENCK, Aachen.

Forschungsberichte des Wirtschafts- und Verkehrsministeriums Nordrhein-Westfalen

Das Ziel dieser Entwicklungsarbeit ist es, Erzstaub oberhalb der Schmelztemperatur des Eisens in Schmelzkammern - speziell in Schmelzkesseln - zu verhütten.

Die bisher durchgeführten Versuche betreffen die Untersuchung des Verhaltens normaler Schmelzkessel gegenüber größeren Mengen mit dem Brennstoff eingeführten Erzstaubes, die Entwicklung eines Spezialtyps des Schmelzkessels, des Schmelzzyklons, der für die Reduktion von Eisenerzen besonders geeignet ist, und ferner die Nachreduktion flüssiger, eisenoxydhaltiger Schmelzkammerschlacken in einem dem Schmelzkessel nachgeschalteten metallurgischen Ofen, insbesondere im Drehflammofen.

Die bisher durchgeführten Versuche haben bewiesen, daß Schmelzkessel mit größeren Mengen an Eisenerzstaub - bis ca. 50 % Gesamtasche - beaufschlagt werden können, ohne daß der Schmelzkessel in seinem Betriebsverhalten erkennbar geschädigt wird. Im Schmelzzyklon wurde ein Schmelzkesselaggregat herausgebildet, das geeignet ist, wesentliche Reduktionsarbeit bereits im Schmelzkessel zu leisten. Es konnten bis ca. 40 % des mit dem Erz eingebrachten Eisens bereits im Schmelzzyklon als metallisches Eisen abgeschieden werden. Die Frage der Nachreduktion der aus dem Schmelzkessel ausgebrachten eisenoxydhaltigen flüssigen Schlacken ist durch die Großversuche im Drehflammofen positiv geklärt worden. Es gelang durch Reduktion dieser Schlacken mit festem Kohlenstoff in teigigem Zustand den Eisengehalt der Schlacken bis auf ca. 2 % herabzusetzen.

Der Stand der Entwicklungsarbeit berechtigt zu der Erklärung, daß die einzelnen Teilabschnitte des Verfahrens der Verhüttung von Eisenerzstaub in Schmelzkesseln mit nachgeschaltetem Drehtrommelofen unter Gewinnung von Eisen als Nebenprodukt der Dampferzeugung als betriebsreif angesehen werden können. Das Gesamtverfahren soll nunmehr im betrieblichen Maßstab in einer geschlossenen Großversuchsanlage erprobt werden, um dann für die Anwendung im Großmaßstab zur Verfügung zu stehen.

Damit steht ein neues Verfahren der Eisengewinnung zur Verfügung, das dadurch ausgezeichnet ist, daß die bei den meisten übrigen Eisengewinnungsverfahren schwierige Abwärmeverwertung auf besonders einfache und wirkungsvolle Weise gelöst wird durch die praktisch verlustlose Ausnutzung für die Dampferzeugung. Diesen erheblichen verfahrenstechnischen Vorteilen stehen entsprechende günstige wirtschaftliche Aussichten des neuen Verfahrens gegenüber.

Durch die Versuche im Schmelzzyklon konnte auch bereits die Aufgabe der Gewinnung von Eisen als Hauptprodukt unter Gewinnung von Dampf als Nebenprodukt in Angriff genommen werden. Um dieses Ziel zu erreichen, sind aber noch wesentliche weitere Versuchsarbeiten notwendig, die insbesondere das Gebiet der Vorreduktion der Eisenerze mit dem Abgas des Schmelzzyklons betreffen.

Die in dem vorliegenden Bericht beschriebenen Versuchsarbeiten wurden in erheblichem Maße durch den materiellen und personellen Einsatz der Firma L. & C. Steinmüller, Gummersbach, ermöglicht und wurden von dieser Seite insbesondere unter der Leitung von Herrn Direktor ANSCHÜTZ durch die Herren Dr.-Ing. O. WOLF und Dipl.-Phys. SIEBKER betreut.

Für die Durchführung der Versuche bei der Duisburger Kupferhütte setzte sich in großzügiger Weise Herr Direktor Dr.-Ing. SCHACKMANN ein; sie wurden betreut durch Herrn Dr. BRANDL.

Die Versuche im Großkraftwerk Karnap wurden ermöglicht durch das verständnisvolle Eingehen von Herrn Direktor WEYRAUCH auf die vorliegenden Probleme. Diese Versuche wurden durch Herrn Dr. RICKERT betreut.

Für die Versuche in Karnap und in Gummersbach hat die Westfalenhütte größere Mengen an Gichtstaub zur Verfügung gestellt.

Allen beteiligten Firmen sowie den oben genannten Herren sei für ihre wertvolle Mitarbeit bei der Lösung der gestellten Aufgabe gedankt. Dieser Dank gilt auch der größeren Zahl der an dieser Stelle nicht genannten Mitarbeiter.

Die Durchführung dieser Versuchsarbeiten wurde durch Forschungsmittel des Ministeriums für Wirtschaft und Verkehr des Landes Nordrhein-Westfalen ermöglicht, dem auch an dieser Stelle für deren Bereitstellung gedankt sei und dessen Exponenten sich in verdienter Weise mit Rat und Anregungen zur Verfügung gestellt haben.

Prof. Dr.-Ing. Hermann SCHENCK, Aachen
Dr.-Ing. Werner WENZEL, Bad Godesberg

FORSCHUNGSBERICHTE
DES WIRTSCHAFTS- UND VERKEHRSMINISTERIUMS
NORDRHEIN-WESTFALEN

Herausgegeben von Staatssekretär Prof. Dr. h. c. Leo Brandt

HEFT 1
Prof. Dr.-Ing. E. Flegler, Aachen
Untersuchungen oxydischer Ferromagnet-Werkstoffe
1952, 20 Seiten, DM 6,75

HEFT 2
Prof. Dr. W. Fuchs, Aachen
Untersuchungen über absatzfreie Teeröle
1952, 32 Seiten, 5 Abb., 6 Tabellen, DM 10,—

HEFT 3
Techn.-Wissenschaftl. Büro für die Bastfaserindustrie, Bielefeld
Untersuchungsarbeiten zur Verbesserung des Leinenwebstuhls
1952, 44 Seiten, 7 Abb., 3 Tabellen, DM 12,50

HEFT 4
Prof. Dr. E. A. Müller und Dipl.-Ing. H. Spitzer, Dortmund
Untersuchungen über die Hitzebelastung in Hüttenbetrieben
1952, 28 Seiten, 5 Abb., 1 Tabelle, DM 9,—

HEFT 5
Dipl.-Ing. W. Fister, Aachen
Prüfstand der Turbinenuntersuchungen
1952, 40 Seiten, 30 Abb., 3 Schaltbilder, DM 1,—

HEFT 6
Prof. Dr. W. Fuchs, Aachen
Untersuchungen über die Zusammensetzung und Verwendbarkeit von Schwelteerfraktionen
1952, 36 Seiten, DM 10,50

HEFT 7
Prof. Dr. W. Fuchs, Aachen
Untersuchungen über emsländisches Petrolatum
1952, 36 Seiten, 1 Abb., 17 Tabellen, DM 10,50

HEFT 8
M. E. Meffert und H. Stratmann, Essen
Algen-Großkulturen im Sommer 1951
1953, 52 Seiten, 4 Abb., 20 Tabellen, DM 9,75

HEFT 9
Techn.-Wissenschaftl. Büro für die Bastfaserindustrie, Bielefeld
Untersuchungen über die zweckmäßige Wicklungsart von Leinengarnkreuzspulen unter Berücksichtigung der Anwendung hoher Geschwindigkeiten des Garnes
Vorversuche für Zetteln und Schären von Leinengarnen auf Hochleistungsmaschinen
1952, 48 Seiten, 7 Abb., 7 Tabellen, DM 9,25

HEFT 10
Prof. Dr. W. Vogel, Köln
„Das Streifenpaar" als neues System zur mechanischen Vergrößerung kleiner Verschiebungen und seine technischen Anwendungsmöglichkeiten
1953, 20 Seiten, 6 Abb., DM 4,50

HEFT 11
Laboratorium für Werkzeugmaschinen und Betriebslehre, Technische Hochschule Aachen
1. Untersuchungen über Metallbearbeitung im Fräsvorgang mit Hartmetallwerkzeugen und negativem Spanwinkel
2. Weiterentwicklung des Schleifverfahrens für die Herstellung von Präzisionswerkstücken unter Vermeidung hoher Temperaturen
3. Untersuchung von Oberflächenveredlungsverfahren zur Steigerung der Belastbarkeit hochbeanspruchter Bauteile
1953, 80 Seiten, 61 Abb., DM 15,75

HEFT 12
Elektrowärme-Institut, Langenberg (Rhld.)
Induktive Erwärmung mit Netzfrequenz
1952, 22 Seiten, 6 Abb., DM 5,20

HEFT 13
Techn.-Wissenschaftl. Büro für die Bastfaserindustrie, Bielefeld
Das Naßspinnen von Bastfasergarnen mit chemischen Zusätzen zum Spinnbad
1953, 52 Seiten, 4 Abb., 19 Tabellen, DM 10,—

HEFT 14
Forschungsstelle für Acetylen, Dortmund
Untersuchungen über Aceton als Lösungsmittel für Acetylen
1952, 64 Seiten, 10 Abb., 26 Tabellen, DM 12,25

HEFT 15
Wäschereiforschung Krefeld
Trocknen von Wäschestoffen
1953, 48 Seiten, 14 Abb., 2 Tabellen, DM 9,—

HEFT 16
Max-Planck-Institut für Kohlenforschung, Mülheim a. d. Ruhr
Arbeiten des MPI für Kohlenforschung
1953, 104 Seiten, 9 Abb., DM 17,80

HEFT 17
Ingenieurbüro Herbert Stein, M.-Gladbach
Untersuchung der Verzugsvorgänge in den Streckwerken verschiedener Spinnereimaschinen. 1. Bericht: Vergleichende Prüfung mit verschiedenen Dickenmeßgeräten
1952, 36 Seiten, 15 Abb., DM 8,—

HEFT 18
Wäschereiforschung Krefeld
Grundlagen zur Erfassung der chemischen Schädigung beim Waschen
1953, 68 Seiten, 15 Abb., 15 Tabellen, DM 12,75

HEFT 19
Techn.-Wissenschaftl. Büro für die Bastfaserindustrie, Bielefeld
Die Auswirkung des Schlichtens von Leinengarnketten auf den Verarbeitungswirkungsgrad, sowie die Festigkeit und Dehnungsverhältnisse der Garne und Gewebe
1953, 48 Seiten, 1 Abb., 9 Tabellen, DM 9,—

HEFT 20
Techn.-Wissenschaftl. Büro für die Bastfaserindustrie, Bielefeld
Trocknung von Leinengarnen I
Vorgang und Einwirkung auf die Garnqualität
1953, 62 Seiten, 18 Abb., 5 Tabellen, DM 12,—

HEFT 21
Techn.-Wissenschaftl. Büro für die Bastfaserindustrie, Bielefeld
Trocknung von Leinengarnen II
Spulenanordnung und Luftführung beim Trocknen von Kreuzspulen
1953, 66 Seiten, 22 Abb., 9 Tabellen, DM 13,—

HEFT 22
Techn.-Wissenschaftl. Büro für die Bastfaserindustrie, Bielefeld
Die Reparaturanfälligkeit von Webstühlen
1953, 28 Seiten, 7 Abb., 5 Tabellen, DM 5,80

HEFT 23
Institut für Starkstromtechnik, Aachen
Rechnerische und experimentelle Untersuchungen zur Kenntnis der Metadyne als Umformer von konstanter Spannung auf konstanten Strom
1953, 52 Seiten, 20 Abb., 4 Tafeln, DM 9,75

HEFT 24
Institut für Starkstromtechnik, Aachen
Vergleich verschiedener Generator-Metadyne-Schaltungen in bezug auf statisches Verhalten
1952, 44 Seiten, 23 Abb., DM 8,50

HEFT 25
Gesellschaft für Kohlentechnik mbH., Dortmund-Eving
Struktur der Steinkohlen und Steinkohlen-Kokse
1953, 58 Seiten, DM 11,—

HEFT 26
Techn.-Wissenschaftl. Büro für die Bastfaserindustrie, Bielefeld
Vergleichende Untersuchungen zweier neuzeitlicher Ungleichmäßigkeitsprüfer für Bänder und Garne hinsichtlich ihrer Eignung für die Bastfaserspinnerei
1953, 64 Seiten, 30 Abb., DM 12,50

HEFT 27
Prof. Dr. E. Schratz, Münster
Untersuchungen zur Rentabilität des Arzneipflanzenanbaues · Römische Kamille, Anthemis nobilis L.
1953, 16 Seiten, 1 Tabelle, DM 3,60

HEFT 28
Prof. Dr. E. Schratz, Münster
Calendula officinalis L. Studien zur Ernährung, Blütenfüllung und Rentabilität der Drogengewinnung
1953, 24 Seiten, 2 Abb., 3 Tabellen, DM 5,20

HEFT 29
Techn.-Wissenschaftl. Büro für die Bastfaserindustrie, Bielefeld
Die Ausnützung der Leinengarne in Geweben
1953, 100 Seiten, 14 Abb., 10 Tabellen, DM 17,80

HEFT 30
Gesellschaft für Kohlentechnik mbH., Dortmund-Eving
Kombinierte Entaschung und Verschwelung von Steinkohle; Aufarbeitung von Steinkohlenschlämmen zu verkokbarer oder verschwelbarer Kohle
1953, 56 Seiten, 16 Abb., 10 Tabellen, DM 10,50

HEFT 31
Dipl.-Ing. A. Stormanns, Essen
Messung des Leistungsbedarfs von Doppelsteg-Kettenförderern
1954, 54 Seiten, 18 Abb., 3 Anlagen, DM 11,—

HEFT 32
Techn.-Wissenschaftl. Büro für die Bastfaserindustrie, Bielefeld
Der Einfluß der Natriumchloridbleiche auf Qualität und Verwebbarkeit von Leinengarnen und die Eigenschaften der Leinengewebe unter besonderer Berücksichtigung des Einsatzes von Schützen- und Spulenwechselautomaten in der Leinenweberei
1953, 64 Seiten, 2 Abb., 12 Tabellen, DM 11,50

HEFT 33
Kohlenstoffbiologische Forschungsstation e. V.
Eine Methode zur Bestimmung von Schwefeldioxyd und Schwefelwasserstoff in Rauchgasen und in der Atmosphäre
1953, 32 Seiten, 8 Abb., 3 Tabellen, DM 6,50

HEFT 34
Textilforschungsanstalt Krefeld
Quellungs- und Entquellungsvorgänge bei Faserstoffen
1953, 52 Seiten, 13 Abb., 13 Tabellen, DM 9,80

WESTDEUTSCHER VERLAG · KÖLN UND OPLADEN

HEFT 35
Professor Dr. W. Kast, Krefeld
Feinstrukturuntersuchungen an künstlichen Zellulosefasern verschiedener Herstellungsverfahren. Teil I: Der Orientierungszustand
1953, 74 Seiten, 30 Abb., 7 Tabellen, DM 13,80

HEFT 36
Forschungsinstitut der feuerfesten Industrie, Bonn
Untersuchungen über die Trocknung von Rohton
Untersuchungen über die chemische Reinigung von Silika- und Schamotte-Rohstoffen mit chlorhaltigen Gasen
1953, 60 Seiten, 5 Abb., 5 Tabellen, DM 11,—

HEFT 37
Forschungsinstitut der feuerfesten Industrie, Bonn
Untersuchungen über den Einfluß der Probenvorbereitung auf die Kaltdruckfestigkeit feuerfester Steine
1953, 40 Seiten, 2 Abb., 5 Tabellen, DM 7,80

HEFT 38
Forschungsstelle für Acetylen, Dortmund
Untersuchungen über die Trocknung von Acetylen zur Herstellung von Dissousgas
1953, 36 Seiten, 11 Abb., 3 Tabellen, DM 6,80

HEFT 39
Forschungsgesellschaft Blechverarbeitung e. V., Düsseldorf
Untersuchungen an prägegemusterten und vorgelochten Blechen
1953, 46 Seiten, 34 Abb., DM 9,50

HEFT 40
Landesgeologe Dr.-Ing. W. Wolff,
Amt für Bodenforschung, Krefeld
Untersuchungen über die Anwendbarkeit geophysikalischer Verfahren zur Untersuchung von Spateisengängen im Siegerland
1953, 46 Seiten, 8 Abb., DM 8,80

HEFT 41
Techn.-Wissenschaftl. Büro für die Bastfaserindustrie, Bielefeld
Untersuchungsarbeiten zur Verbesserung des Leinenwebstuhles II
1953, 40 Seiten, 4 Abb., 5 Tabellen, DM 7,80

HEFT 42
Professor Dr. B. Helferich, Bonn
Untersuchungen über Wirkstoffe — Fermente — in der Kartoffel und die Möglichkeit ihrer Verwendung
1953, 58 Seiten, 9 Abb., DM 11,—

HEFT 43
Forschungsgesellschaft Blechverarbeitung e. V., Düsseldorf
Forschungsergebnisse über das Beizen von Blechen
1953, 48 Seiten, 38 Abb., 2 Tabellen, DM 11,30

HEFT 44
Arbeitsgemeinschaft für praktische Dehnungsmessung, Düsseldorf
Eigenschaften und Anwendungen von Dehnungsmeßstreifen
1953, 68 Seiten, 43 Abb., 2 Tabellen, DM 13,70

HEFT 45
Losenhausenwerk Düsseldorfer Maschinenbau AG., Düsseldorf
Untersuchungen von störenden Einflüssen auf die Lastgrenzenanzeige von Dauerschwingprüfmaschinen
1953, 36 Seiten, 11 Abb., 3 Tabellen, DM 7,25

HEFT 46
Prof. Dr. W. Fuchs, Aachen
Untersuchungen über die Aufbereitung von Wasser für die Dampferzeugung in Benson-Kesseln
1953, 58 Seiten, 18 Abb., 9 Tabellen, DM 11,20

HEFT 47
Prof. Dr.-Ing. K. Krekeler, Aachen
Versuche über die Anwendung der induktiven Erwärmung zum Sintern von hochschmelzenden Metallen sowie zur Anlegierung und Vergütung von aufgespritzten Metallschichten mit dem Grundwerkstoff
1954, 66 Seiten, 39 Abb., DM 13,90

HEFT 48
Max-Planck-Institut für Eisenforschung, Düsseldorf
Spektrochemische Analyse der Gefügebestandteile in Stählen nach ihrer Isolierung
1953, 38 Seiten, 8 Abb., 5 Tabellen, DM 7,80

HEFT 49
Max-Planck-Institut für Eisenforschung, Düsseldorf
Untersuchungen über Ablauf der Desoxydation und die Bildung von Einschlüssen in Stählen
1953, 52 Seiten, 19 Abb., 3 Tabellen, DM 12,40

HEFT 50
Max-Planck-Institut für Eisenforschung, Düsseldorf
Flammenspektralanalytische Untersuchung der Ferritzusammensetzung in Stählen
1953, 44 Seiten, 15 Abb., 4 Tabellen, DM 8,60

HEFT 51
Verein zur Förderung von Forschungs- und Entwicklungsarbeiten in der Werkzeugindustrie e. V., Remscheid
Untersuchungen an Kreissägeblättern für Holz, Fehler- und Spannungsprüfverfahren
1953, 50 Seiten, 23 Abb., DM 10,—

HEFT 52
Forschungsstelle für Acetylen, Dortmund
Untersuchungen über den Umsatz bei der explosiblen Zersetzung von Azetylen
 a) Zersetzung von gasförmigem Azetylen
 b) Zersetzung von an Silikagel absorbiertem Azetylen
1954, 48 Seiten, 8 Abb., 10 Tabellen, DM 9,25

HEFT 53
Professor Dr.-Ing. H. Opitz, Aachen
Reibwert und Verschleißmessungen an Kunststoffgleitführungen für Werkzeugmaschinen
1954, 38 Seiten, 18 Abb., DM 8,20

HEFT 54
Professor Dr.-Ing. F. A. F. Schmidt, Aachen
Schaffung von Grundlagen für die Erhöhung der spez. Leistung und Herabsetzung des spez. Brennstoffverbrauches bei Ottomotoren mit Teilbericht über Arbeiten an einem neuen Einspritzverfahren
1954, 34 Seiten, 15 Abb., DM 7,40

HEFT 55
Forschungsgesellschaft Blechverarbeitung e. V., Düsseldorf
Chemisches Glänzen von Messing und Neusilber
1954, 50 Seiten, 21 Abb., 1 Tabelle, DM 10,20

HEFT 56
Forschungsgesellschaft Blechverarbeitung e. V., Düsseldorf
Untersuchungen über einige Probleme der Behandlung von Blechoberflächen
1954, 52 Seiten, 42 Abb., DM 11,20

HEFT 57
Prof. Dr.-Ing. F. A. F. Schmidt, Aachen
Untersuchungen zur Erforschung des Einflusses des chemischen Aufbaues des Kraftstoffes auf sein Verhalten im Motor und in Brennkammern von Gasturbinen
1954, 70 Seiten, 32 Abb., DM 14,60

HEFT 58
Gesellschaft für Kohlentechnik mbH., Dortmund
Herstellung und Untersuchung von Steinkohlenschwelteer
1954, 74 Seiten, 9 Abb., 9 Tabellen, DM 13,75

HEFT 59
Forschungsinstitut der Feuerfest-Industrie e. V., Bonn
Ein Schnellanalysenverfahren zur Bestimmung von Aluminiumoxyd, Eisenoxyd und Titanoxyd in feuerfestem Material mittels organischer Farbreagenzien auf photometrischem Wege
Untersuchungen des Alkali-Gehaltes feuerfester Stoffe mit dem Flammenphotometer nach Riehm-Lange
1954, 62 Seiten, 12 Abb., 3 Tabellen, DM 11,60

HEFT 60
Forschungsgesellschaft Blechverarbeitung e. V., Düsseldorf
Untersuchungen über das Spritzlackieren im elektrostatischen Hochspannungsfeld
1954, 82 Seiten, 53 Abb., 7 Tabellen, DM 17,—

HEFT 61
Verein zur Förderung von Forschungs- und Entwicklungsarbeiten in der Werkzeugindustrie e. V., Remscheid
Schwingungs- und Arbeitsverhalten von Kreissägeblättern für Holz
1954, 54 Seiten, 31 Abb., DM 11,40

HEFT 62
Professor Dr. W. Franz, Institut für theoretische Physik der Universität Münster
Berechnung des elektrischen Durchschlags durch feste und flüssige Isolatoren
1954, 36 Seiten, DM 7,—

HEFT 63
Textilforschungsanstalt Krefeld
Neue Methoden zur Untersuchung der Wirkungsweise von Textilhilfsmitteln
Untersuchungen über Schlichtungs- und Entschlichtungsvorgänge
1954, 34 Seiten, 1 Abb., 5 Tabellen, DM 6,80

HEFT 64
Textilforschungsanstalt Krefeld
Die Kettenlängenverteilung von hochpolymeren Faserstoffen
Über die fraktionierte Fällung von Polyamiden
1954, 44 Seiten, 13 Abb., DM 8,60

HEFT 65
Fachverband Schneidwarenindustrie, Solingen
Untersuchungen über das elektrolytische Polieren von Tafelmesserklingen aus rostfreiem Stahl
1954, 90 Seiten, 38 Abb., 9 Tabellen, DM 17,35

HEFT 66
Dr.-Ing. P. Füsgen VDI †, Düsseldorf
Untersuchungen über das Auftreten des Ratterns bei selbsthemmenden Schneckengetrieben und seine Verhütung
1954, 32 Seiten, 5 Abb., DM 6,60

HEFT 67
Heinrich Wösthoff o. H. G., Apparatebau, Bochum
Entwicklung einer chemisch-physikalischen Apparatur zur Bestimmung kleinster Kohlenoxyd-Konzentrationen
1954, 94 Seiten, 48 Abb., 2 Tabellen, DM 18,25

HEFT 68
Kohlenstoffbiologische Forschungsstation e. V., Essen
Algengroßkulturen im Sommer 1952
II. Über die unsterile Großkultur von Scenedesmus obliquus
1954, 62 Seiten, 3 Abb., 29 Tabellen, DM 11,40

HEFT 69
Wäschereiforschung Krefeld
Bestimmung des Faserabbaues bei Leinen unter besonderer Berücksichtigung der Leinengarnbleiche
1954, 48 Seiten, 15 Abb., 3 Tabellen, DM 9,60

HEFT 70
Wäschereiforschung Krefeld
Trocknen von Wäschestoffen
1954, 52 Seiten, 18 Abb., 3 Tabellen, DM 10,—

HEFT 71
Prof. Dr.-Ing. K. Leist, Aachen
Kleingasturbinen, insbesondere zum Fahrzeugantrieb
1954, 114 Seiten, 85 Abb., DM 22,—

HEFT 72
Prof. Dr.-Ing. K. Leist, Aachen
Beitrag zur Untersuchung von stehenden geraden Turbinengittern mit Hilfe von Druckverteilungsmessungen
1954, 152 Seiten, 111 Abb., DM 36,20

HEFT 73
Prof. Dr.-Ing. K. Leist, Aachen
Spannungsoptische Untersuchungen von Turbinenschaufelfüßen
1954, 66 Seiten, 46 Abb., 2 Tabellen, DM 14,60

HEFT 74
Max-Planck-Institut für Eisenforschung, Düsseldorf
Versuche zur Klärung des Umwandlungsverhaltens eines sonderkarbidbildenden Chromstahls
1954, 58 Seiten, 10 Abb., DM 14,—

HEFT 75
Max-Planck-Institut für Eisenforschung, Düsseldorf
Zeit-Temperatur-Umwandlungs-Schaubilder als Grundlage der Wärmebehandlung der Stähle
1954, 44 Seiten, 13 Abb., DM 8,70

HEFT 76
Max-Planck-Institut für Arbeitsphysiologie, Dortmund
Arbeitstechnische und arbeitsphysiologische Rationalisierung von Mauersteinen
1954, 52 Seiten, 12 Abb., 3 Tabellen, DM 10,20

HEFT 77
Meteor Apparatebau Paul Schmeck GmbH., Siegen
Entwicklung von Leuchtstoffröhren hoher Leistung
1954, 46 Seiten, 12 Abb., 2 Tabellen, DM 9,15

HEFT 78
Forschungsstelle für Acetylen, Dortmund
Über die Zustandsgleichung des gasförmigen Acetylens und das Gleichgewicht Acetylen — Aceton
1954, 42 Seiten, 3 Abb., 8 Tabellen, DM 8,—

HEFT 79
Techn.-Wissenschaftl. Büro für die Bastfaserindustrie, Bielefeld
Trocknung von Leinengarnen III
Spinnspulen- und Spinnkopstrocknung
Vorgang und Einwirkung auf die Garnqualität
1954, 74 Seiten, 18 Abb., 10 Tabellen, DM 14,—

WESTDEUTSCHER VERLAG · KÖLN UND OPLADEN

HEFT 80
Techn.-Wissenschaftl. Büro für die Bastfaserindustrie, Bielefeld
Die Verarbeitung von Leinengarn auf Webstühlen mit und ohne Oberbau
1954, 30 Seiten, 2 Abb., 2 Tabellen, DM 6,—

HEFT 81
Prüf- und Forschungsinstitut für Ziegeleierzeugnisse, Essen-Kray
Die Einführung des großformatigen Einheits-Gitterziegels im Lande Nordrhein-Westfalen
1954, 54 Seiten, 2 Abb., 2 Tabellen, DM 10,—

HEFT 82
Vereinigte Aluminium-Werke AG., Bonn
Forschungsarbeiten auf dem Gebiet der Veredelung von Aluminium-Oberflächen
1954, 46 Seiten, 34 Abb., DM 9,60

HEFT 83
Prof. Dr. S. Strugger, Münster
Über die Struktur der Proplastiden
1954, 30 Seiten, 15 Abb., DM 8,40

HEFT 84
Dr. H. Baron, Düsseldorf
Über Standardisierung von Wundtextilien
1954, 32 Seiten, DM 6,40

HEFT 85
Textilforschungsanstalt Krefeld
Physikalische Untersuchungen an Fasern, Fäden, Garnen und Geweben:
Untersuchungen am Knickscheuergerät nach Weltzien
1954, 40 Seiten, 11 Abb., 8 Tabellen, DM 10,—

HEFT 86
Prof. Dr.-Ing. H. Opitz, Aachen
Untersuchungen über das Fräsen von Baustahl sowie über den Einfluß des Gefüges auf die Zerspanbarkeit
1954, 108 Seiten, 73 Abb., 7 Tabellen, DM 22,—

HEFT 87
Gemeinschaftsausschuß Verzinken, Düsseldorf
Untersuchungen über Güte von Verzinkungen
1954, 68 Seiten, 56 Abb., 3 Tabellen, DM 15,30

HEFT 88
Gesellschaft für Kohlentechnik mbH., Dortmund-Eving
Oxydation von Steinkohle mit Salpetersäure
1954, 62 Seiten, 2 Abb., 1 Tabelle, DM 11,50

HEFT 89
Verein Deutscher Ingenieure, Gleitlagerforschung, Düsseldorf und Prof. Dr.-Ing. G. Vogelpohl, Göttingen
Versuche mit Preßstoff-Lagern für Walzwerke
1954, 70 Seiten, 34 Abb., DM 14,10

HEFT 90
Forschungs-Institut der Feuerfest-Industrie, Bonn
Das Verhalten von Silikasteinen im Siemens-Martin-Ofengewölbe
1954, 62 Seiten, 15 Abb., 11 Tabellen, DM 11,90

HEFT 91
Forschungs-Institut der Feuerfest-Industrie, Bonn
Untersuchungen des Zusammenhangs zwischen Leistung und Kohlenverbrauch von Kammeröfen zum Brennen von feuerfesten Materialien
1954, 42 Seiten, 6 Abb., DM 8,30

HEFT 92
*Techn.-Wissenschaftl. Büro für die Bastfaserindustrie, Bielefeld
und Laboratorium für textile Meßtechnik, M.-Gladbach*
Messungen von Vorgängen am Webstuhl
1954, 76 Seiten, 45 Abb., DM 15,50

HEFT 93
Prof. Dr. W. Kast, Krefeld
Spinnversuche zur Strukturerfassung künstlicher Zellulosefasern
1954, 82 Seiten, 39 Abb., 6 Tabellen, DM 16,—

HEFT 94
Prof. Dr. G. Winter, Bonn
Die Heilpflanzen des MATTHIOLUS (1611) gegen Infektionen der Harnwege und Verunreinigung der Wunden bzw. zur Förderung der Wundheilung im Lichte der Antibiotikaforschung
1954, 58 Seiten, 1 Abb., 2 Tabellen, DM 11,50

HEFT 95
Prof. Dr. G. Winter, Bonn
Untersuchungen über die flüchtigen Antibiotika aus der Kapuziner- (Tropaeolum maius) und Gartenkresse (Lepidium sativum) und ihr Verhalten im menschlichen Körper bei Aufnahme von Kapuziner- bzw. Gartenkressensalat per os
1955, 74 Seiten, 9 Abb., 25 Tabellen, DM 14,—

HEFT 96
Dr.-Ing. P. Koch, Dortmund
Austritt von Exoelektronen aus Metalloberflächen unter Berücksichtigung der Verwendung des Effektes für die Materialprüfung
1954, 34 Seiten, 13 Abb., DM 7,—

HEFT 97
Ing. H. Stein, Laboratorium für textile Meßtechnik, M.-Gladbach
Untersuchung der Verzugsvorgänge an den Streckwerken verschiedener Spinnereimaschinen
2. Bericht: Ermittlung der Haft-Gleiteigenschaften von Faserbändern und Vorgarnen
1955, 98 Seiten, 54 Abb., DM 21,—

HEFT 98
Fachverband Gesenkschmieden, Hagen
Die Arbeitsgenauigkeit beim Gesenkschmieden unter Hämmern
1955, 132 Seiten, 55 Abb., 9 Tabellen, DM 24,75

HEFT 99
Prof. Dr.-Ing. G. Garbotz, Aachen
Der Kraft- und Arbeitsaufwand sowie die Leistungen beim Biegen von Bewehrungsstählen in Abhängigkeit von den Abmessungen, den Formen und der Güte der Stähle (Ermittlung von Leistungsrichtlinien)
1955, 136 Seiten, 53 Abb., 3 Anlagen, 18 Tabellen, DM 30,—

HEFT 100
Prof. Dr.-Ing. H. Opitz, Aachen
Untersuchungen von elektrischen Antrieben, Steuerungen und Regelungen an Werkzeugmaschinen
1955, 166 Seiten, 71 Abb., 3 Tabellen, DM 31,30

HEFT 101
Prof. Dr.-Ing. H. Opitz, Aachen
Wirtschaftlichkeitsbetrachtungen beim Außenrundschleifen
1955, 100 Seiten, 56 Abb., 3 Tabellen, DM 19,30

HEFT 102
Dr. P. Hölemann, Ing. R. Hasselmann und Ing. G. Dix, Dortmund
Untersuchungen über die thermische Zündung von explosiblen Acetylenzersetzungen in Kapillaren
1954, 44 Seiten, 5 Abb., 4 Tabellen, DM 8,60

HEFT 103
Prof. Dr. W. Weizel, Bonn
Durchführung von experimentellen Untersuchungen über den zeitlichen Ablauf von Funken in komprimierten Edelgasen sowie zu deren mathematischen Berechnung
1955, 46 Seiten, 12 Abb., DM 9,10

HEFT 104
Prof. Dr. W. Weizel, Bonn
Über den Einfluß der Elektroden auf die Eigenschaften von Cadmium-Sulfid-Widerstands-Photozellen
1955, 48 Seiten, 12 Abb., DM 9,45

HEFT 105
Dr.-Ing. R. Meldau, Harsewinkel/Westf.
Auswertung von Gekörn — Analysen des Musterstaubes „Flugasche Fortuna I"
1955, 42 Seiten, 14 Abb., DM 8,50

HEFT 106
ORR. Dr.-Ing. W. Küch, Dortmund
Untersuchungen über die Einwirkung von feuchtigkeitsgesättigter Luft auf die Festigkeit von Leimverbindungen
1954, 60 Seiten, 10 Abb., 6 Tabellen, DM 11,40

HEFT 107
Prof. Dr. H. Lange and Dipl.-Phys. P. St. Pütter, Köln
Über die Konstruktion von Laboratoriumsmagneten
1955, 66 Seiten, 19 Abb., 1 Tabelle, DM 12,30

HEFT 108
Prof. Dr. W. Fuchs, Aachen
Untersuchungen über neue Beizmethoden und Beizabwässer
I. Die Entzunderung von Drähten mit Natriumhydrid
II. Die Aufbereitung von Beizabwässern
1955, 82 S., 15 Abb., 14 Tabellen, 1 Falttafel, DM 15,25

HEFT 109
Dr. P. Hölemann und Ing. R. Hasselmann, Dortmund
Untersuchungen über die Löslichkeit von Azetylen in verschiedenen organischen Lösungsmitteln
1954, 42 Seiten, 10 Abb., 8 Tabellen, DM 8,30

HEFT 110
Dr. P. Hölemann und Ing. R. Hasselmann, Dortmund
Untersuchungen über den Druckverlauf bei der explosiblen Zersetzung von gasförmigem Azetylen
1955, 54 Seiten, 10 Abb., 5 Tabellen, DM 11,—

HEFT 111
Fachverband Steinzeugindustrie, Köln
Die Entwicklung eines Gerätes zur Beschickung seitlicher Feuer von Steinzeug-Einzelkammeröfen mit festen Brennstoffen
1955, 46 Seiten, 16 Abb., DM 9,40

HEFT 112
Prof. Dr.-Ing. H. Opitz, Aachen
Verschleißmessungen beim Drehen mit aktivierten Hartmetallwerkzeugen
1954, 44 Seiten, 17 Abb., 6 Tabellen, DM 8,80

HEFT 113
Prof. Dr. O. Graf, Dortmund
Erforschung der geistigen Ermüdung und nervösen Belastung: Studien über die vegetative 24-Stunden-Rhythmik in Ruhe und unter Belastung
1955, 40 Seiten, 12 Abb., DM 8,20

HEFT 114
Prof. Dr. O. Graf, Dortmund
Studien über Fließarbeitsprobleme an einer praxisnahen Experimentieranlage
1954, 34 Seiten, 6 Abb., DM 7,—

HEFT 115
Prof. Dr. O. Graf, Dortmund
Studium über Arbeitspausen in Betrieben bei freier und zeitgebundener Arbeit (Fließarbeit) und ihre Auswirkung auf die Leistungsfähigkeit
1955, 50 Seiten, 13 Abb., 2 Tabellen, DM 9,80

HEFT 116
Prof. Dr.-Ing. E. Siebel und Dr.-Ing. H. Weiss, Stuttgart
Untersuchungen an einigen Problemen des Tiefziehens — I. Teil
1955, 74 Seiten, 50 Abb., 5 Tabellen, DM 14,50

HEFT 117
Dr.-Ing. H. Beißwänger, Stuttgart, und Dr.-Ing. S. Schwandt, Trier
Untersuchungen an einigen Problemen des Tiefziehens — II. Teil
1955, 92 Seiten, 34 Abb., 8 Tabellen, DM 17,70

HEFT 118
Prof. Dr. E. A. Müller und Dr. H. G. Wenzel, Dortmund
Neuartige Klima-Anlage zur Erzeugung ungleicher Luft- und Strahlungstemperaturen in einem Versuchsraum
1955, 68 Seiten, 10 z. T. mehrfarb. Abb., DM 14,—

HEFT 119
Dr.-Ing. O. Viertel, Krefeld
Wäscherei- und energietechnische Untersuchung einer Gemeinschafts-Waschanlage
1955, 50 Seiten, 18 Abb., DM 10,20

HEFT 120
Dipl.-Ing. A. Weisbecker, Lüdenscheid
Über Anfressung an Reinstaluminium-Schweißnähten bei der elektrolytischen Oxydation
Gebr. Hörstermann GmbH., Velbert
Entwicklung und Erprobung eines neuartigen Gummibandförderers
1955, 46 Seiten, 18 Abb., DM 9,70

HEFT 121
Dr. H. Krebs, Bonn
I. Die Struktur und die Eigenschaften der Halbmetalle
II. Die Bestimmung der Atomverteilung in amorphen Substanzen
III. Die chemische Bindung in anorganischen Festkörpern und das Entstehen metallischer Eigenschaften
1955, 124 Seiten, 36 Abb., 13 Tabellen, DM 22,90

HEFT 122
Prof. Dr. W. Fuchs, Aachen
Untersuchungen zur Verbesserung der Wasseraufbereitung und Wasseranalyse:
Über die Schnellbewertung von Ionenaustauscher
1955, 62 Seiten, 32 Abb., DM 12,30

HEFT 123
Dipl.-Ing. J. Emondts, Aachen
Über Bodenverformungen bei stark gestörtem und mächtigem, wasserführendem Deckgebirge im Aachener Steinkohlengebiet
1955, 196 Seiten, 37 Abb., 10 Tabellen, DM 28,80

HEFT 124
Prof. Dr. R. Seyffert, Köln
Wege und Kosten der Distribution der Hausratwaren im Lande Nordrhein-Westfalen
1955, 74 Seiten, 25 Tabellen, DM 9,—

HEFT 125
Prof. Dr. E. Kappler, Münster
Eine neue Methode zur Bestimmung von Kondensations-Koeffizienten von Wasser
1955, 46 Seiten, 11 Abb., 1 Tabelle, DM 9,10

HEFT 126
Prof. Dr.-Ing. J. Mathieu, Aachen
Arbeitszeitvergleich
Grundlagen, Methodik und praktische Durchführung
1955, 70 Seiten, DM 13,—

HEFT 127
Güteschutz Betonstein e. V., Arbeitskreis Nordrhein-Westfalen, Dortmund
Die Betonwaren-Gütesicherung im Lande Nordrhein-Westfalen
1955, 58 Seiten, 15 Abb., 3 Tabellen, DM 11,50

HEFT 128
Prof. Dr. O. Schmitz-DuMont, Bonn
Untersuchungen über Reaktionen in flüssigem Ammoniak
1955, 96 Seiten, 11 Abb., 6 Tabellen, DM 17,75

HEFT 129
Prof. Dr.-Ing. J. Mathieu und Dr. C. A. Roos, Aachen
Die Anlernung von Industriearbeitern
I. Ergebnisse einer grundsätzlichen Untersuchung der gegenwärtigen Industriearbeiter-Kurzanlernung
1955, 106 Seiten, DM 19,70

HEFT 130
Prof. Dr.-Ing. J. Mathieu und Dr. C. A. Roos, Aachen
Die Anlernung von Industriearbeitern
II. Beiträge zur Methodenfrage der Kurzanlernung
1955, 108 Seiten, DM 19,90

HEFT 131
Dr. W. Hoerburger, Köln
Versuche zur Biosynthese von Eiweiß aus Kohlenwasserstoff
1955, 34 Seiten, 2 Abb., DM 6,90

HEFT 132
Prof. Dr. W. Seith, Münster
Über Diffusionserscheinungen in festen Metallen
1955, 42 Seiten, 19 Abb., 4 Tabellen, DM 9,10

HEFT 133
Prof. Dr. E. Jenckel, Aachen
Über einen für Schwermetalle selektiven Ionenaustauscher
1955, 48 Seiten, 8 Abb., 13 Tabellen, DM 9,50

HEFT 134
Prof. Dr.-Ing. H. Winterhager, Aachen
Über die elektrochemischen Grundlagen der Schmelzfluß-Elektrolyse von Bleisulfid in geschmolzenen Mischungen mit Bleichlorid
1955, 54 Seiten, 20 Abb., 5 Tabellen, DM 11,80

HEFT 135
Prof. Dr.-Ing. K. Krekeler und Dr.-Ing. H. Peukert, Aachen
Die Änderung der mechanischen Eigenschaften thermoplastischer Kunststoffe durch Warmrecken
1955, 54 Seiten, 27 Abb., DM 11,10

HEFT 136
Dipl.-Phys. P. Pilz, Remscheid
Über spezielle Probleme der Zerkleinerungstechnik von Weichstoffen
1955, 58 Seiten, 19 Abb., 2 Tabellen, DM 11,50

HEFT 137
Prof. Dr. W. Baumeister, Münster
Beiträge zur Mineralstoffernährung der Pflanzen
1955, 64 Seiten, 6 Tabellen, DM 11,80

HEFT 138
Dr. P. Hölemann und Ing. R. Hasselmann, Dortmund
Untersuchungen über die Zersetzungswärme von gasförmigem und in Azeton gelöstem Azetylen
1955, 54 Seiten, 8 Abb., 7 Tabellen, DM 10,40

HEFT 139
Prof. Dr. W. Fuchs, Aachen
Studien über die thermische Zersetzung der Kohle und die Kohlendestillatprodukte
1955, 64 Seiten, 20 Abb., 22 Tabellen, DM 11,80

HEFT 140
Dr. G. Hausberg, Essen
Modellversuche an Zyklonen
1955, 78 Seiten, 24 Abb., DM 15,70

HEFT 141
Dr. J. van Calker und Dr. R. Wienecke, Münster
Untersuchungen über den Einfluß dritter Analysenpartner auf die spektrochemische Analyse
1955, 42 Seiten, 15 Abb., DM 9,10

HEFT 142
Dipl.-Ing. G. M. F. Wiebel, Hannover, A. Konermann und A. Ottenheym, Sennelager
Entwicklung eines Kalksandleichtsteines
1955, 38 Seiten, 4 Abb., DM 8,—

HEFT 143
Prof. Dr. F. Wever, Dr. A. Rose und Dipl.-Ing. W. Straßburg, Düsseldorf
Härtbarkeit und Umwandlungsverhalten der Stähle
1955, 50 Seiten, 12 Abb., 3 Tabellen, DM 10,70

HEFT 144
Prof. Dr. H. Wurmbach, Bonn
Steuerung von Wachstum und Formbildung
1955, 48 Seiten, 19 Abb., DM 10,30

HEFT 145
Dr. G. Hennemann, Werdohl (Westf.)
Beitrag zur Interpretation der modernen Atomphysik
1955, 34 Seiten, DM 10,—

HEFT 146
Dr.-Ing. F. Gruß, Düsseldorf
Sterilisation mit Heißluft
1955, 34 Seiten, 10 Abb., DM 7,70

HEFT 147
Dr.-Ing. W. Rudisch, Unna
Untersuchung einer drehelastischen Elektromagnet-Synchronkupplung
1955, 82 Seiten, 65 Abb., DM 17,70

HEFT 148
Prof. Dr. H. Bittel u. Dipl.-Phys. L. Storm, Münster
Untersuchungen über Widerstandsrauschen
1955, 40 Seiten, 5 Abb., DM 8,40

HEFT 149
Dipl.-Ing. K. Konopicky und Dipl.-Chem. P. Kampa, Bonn
I. Beitrag zur flammenphotometrischen Bestimmung des Calciums.
Dr.-Ing. K. Konopicky, Bonn
II. Die Wanderung von Schlackenbestandteilen in feuerfesten Baustoffen
1955, 54 Seiten, 10 Abb., 5 Tabellen, DM 11,—

HEFT 150
Prof. Dr.-Ing. O. Kienzle und Dipl.-Ing. W. Timmerbeil, Hannover
Das Durchziehen enger Kragen an ebenen Fein- und Mittelblechen
1955, 52 Seiten, 20 Abb., 8 Tabellen, DM 11,30

HEFT 151
Dipl.-Ing. P. Karabasch, Aachen
Feststellung des optimalen Gasgehaltes von Bronzen zur Erzielung druckdichter Gußstücke
1956, 64 Seiten, 31 Abb., 5 Tabellen, DM 13,90

HEFT 152
Dipl.-Ing. G. Müller, Köln
Ermittlung der Laufeigenschaften (Vergießbarkeit) von Bronze und Rotguß mittels der Schneider-Gießspirale
1955, 60 Seiten, 33 Abb., DM 13,30

HEFT 153
Prof. Dr. F. Wever, Dr.-Ing. W. A. Fischer und Dipl.-Ing. J. Engelbrecht, Düsseldorf
I. Die Reduktion sauerstoffhaltiger Eisenschmelzen im Hochvakuum mit Wasserstoff und Kohlenstoff
II. Einfluß geringer Sauerstoffgehalte auf das Gefüge und Alterungsverhalten von Reineisen
1955, 54 Seiten, 15 Abb., 2 Tabellen, DM 12,40

HEFT 154
Prof. Dr.-Ing. P. Bardenheuer und Dr.-Ing. W. A. Fischer, Düsseldorf
Die Verschlackung von Titan aus Stahlschmelzen im sauren und basischen Hochfrequenzofen unter verschiedenen Schlacken
1955, 36 Seiten, 10 Abb., 1 Tabelle, DM 7,95

HEFT 155
Dipl.-Phys. K. H. Schirmer, München
Die auf Grau abgestimmte Farbwiedergabe im Dreifarbenbuchdruck
1955, 46 Seiten, 17 Abb., 2 Farbtafeln, DM 10,—

HEFT 156
Prof. Dr.-Ing. B. von Borries und Mitarbeiter, Düsseldorf
Die Entwicklung regelbarer permanentmagnetischer Elektronenlinsen hoher Brechkraft und eines mit ihnen ausgerüsteten Elektronenmikroskopes neuer Bauart
1956, 102 Seiten, 52 Abb., DM 22,55

HEFT 157
Dr. W. Jawtusch, Dr. G. Schuster und Prof. Dr.-Ing. R. Jaeckel, Bonn
Untersuchungen über die Stoßvorgänge zwischen neutralen Atomen und Molekülen
1955, 48 Seiten, 15 Abb., 3 Tabellen, DM 10,50

HEFT 158
Dipl.-Ing. W. Rosenkranz, Meinerzhagen
Ein Beitrag zum Problem der Spannungskorrosion bei Preßprofilen und Preßteilen aus Aluminium-Legierungen
1956, 112 Seiten, 61 Abb., 5 Tabellen, DM 27,40

HEFT 159
Dr.-Ing. O. Viertel und O. Oldenroth, Krefeld
Das Bleichen von Weißwäsche mit Wasserstoffsuperoxyd bzw. Natriumhypochlorit beim maschinellen Waschen
1955, 54 Seiten, 23 Abb., 2 Tabellen, DM 11,45

HEFT 160
Prof. Dr. W. Klemm, Münster
Über neue Sauerstoff- und Fluor-haltige Komplexe
1955, 50 Seiten, 13 Abb., 7 Tabellen, DM 10,80

HEFT 161
Prof. Dr. W. Weltzien und Dr. G. Hauschild, Krefeld
Über Silikone und ihre Anwendung in der Textilveredlung
1955, 162 Seiten, 22 Abb., 10 Tabellen, DM 27,—

HEFT 162
Prof. Dr. F. Wever, Prof. Dr. A. Kochendörfer und Dr.-Ing. Chr. Rohrbach, Düsseldorf
Kennzeichnung der Sprödbruchneigung von Stählen durch Messung der Fließspannung, Reißspannung und Brucheinschnürung an dreiachsig beanspruchten Proben
1955, 58 Seiten, 26 Abb., DM 13,—

HEFT 163
Dipl.-Ing. W. Rohs und Text.-Ing. H. Griese, Bielefeld
Untersuchungsarbeiten zur Verbesserung des Leinenwebstuhls III
1955, 80 Seiten, 15 Abb., 18 Tabellen, DM 15,80

HEFT 164
Dr.-Ing. H. Schmachtenberg, Köln
Neuartige Prüfeinrichtungen für Kraftfahrzeuge
1955, 44 Seiten, 23 Abb., DM 9,60

HEFT 165
Dr.-Ing. W. Wilhelm, Aachen
Instationäre Gasströmung im Auspuffsystem eines Zweitaktmotors
1955, 62 Seiten, 31 Abb., 8 Tabellen, DM 13,60

HEFT 166
Prof. Dr. M. v. Stackelberg, Dr. H. Heindze, Dr. H. Hübschke und Dr. K. H. Frangen, Bonn
Kolloidchemische Untersuchungen
1955, 106 Seiten, 8 Abb., 13 Tabellen, DM 21,25

HEFT 167
Prof. Dr.-Ing. F. Schuster, Essen
I. Über die Heißkarburierung von Brenngasen mit Ölen und Teeren
II. Die Strahlungsvorgänge in brennstoffbeheizten Öfen bei verschiedenen Verbrennungsatmosphären
1955, 38 Seiten, 8 Abb., DM 8,30

HEFT 168
Prof. Dr.-Ing. F. Schuster, Essen
I. Luftvorwärmung an Gasfeuerungen
II. Heizwerthöhe von Brenngasen und Wirkungsgrad sowie Gasverbrauch bei der Gasverwendung
III. Sauerstoffangereicherte Luft und feuerungstechnische Kenngrößen von Brenngasen
1955, 60 Seiten, 18 Abb., DM 12,50

HEFT 169
Forschungsinstitut für Pigmente und Lacke, Stuttgart
Arbeiten über die Bestimmung des Gebrauchswertes von Lackfilmen durch physikalische Prüfungen
1955, 70 Seiten, 23 Abb., 4 Tabellen, DM 15,—

HEFT 170
Prof. Dr. F. Wever, Dr. A. Rose und Dipl.-Ing L. Rademacher, Düsseldorf
Anwendung der Umwandlungsschaubilder auf Fragen der Werkstoffauswahl beim Schweißen und Flammhärten
1955, 64 Seiten, 25 Abb., DM 13,70

WESTDEUTSCHER VERLAG · KÖLN UND OPLADEN

HEFT 171
Wäschereiforschung Krefeld
Untersuchung der Wäscheentwässerung mit Hilfe von Zentrifugen und Pressen
1955, 42 Seiten, 16 Abb., 4 Tabellen, DM 9,70

HEFT 172
Dipl.-Ing. W. Rohs, Dr.-Ing. G. Satlow und Text.-Ing. G. Heller, Bielefeld
Trocknung von Hanfgarnen. Kreuzspultrocknung
1955, 60 Seiten, 7 Abb., 4 Tabellen, DM 10,30

HEFT 173
Prof. Dr. R. Hosemann und Dipl.-Phys. G. Schoknecht, Berlin, vorgelegt von Prof. Dr. W. Kast, Krefeld
Lichtoptische Herstellung und Diskussion der Faltungsquadrate parakristalliner Gitter
1956, 108 Seiten, 63 Abb., 6 Tabellen, DM 24,70

HEFT 174
Prof. Dr. W. von Fragstein, Dr. J. Meingast und H. Hoch, Köln
Herstellung von Solen einheitlicher Teilchengröße und Ermittlung ihrer optischen Eigenschaften
1955, 78 Seiten, 80 Abb., 4 Tabellen, DM 18,25

HEFT 175
Dr.-Ing. H. Zeller, Aachen
Beitrag zur eindimensionalen stationären und nichtstationären Gasströmung mit Reibung und Wärmeleitung, insbesondere in Rohren mit unstetigen Querschnittsänderungen.
1956, 138 Seiten, 56 Abb., DM 29,30

HEFT 176
Dipl.-Ing. H. Schöberl, Duisburg
Über die Methoden zur Ermittlung der Verbrennungstemperatur von Brennstoffen und ein Vorschlag zu ihrer Verbesserung
1955, 30 Seiten, 3 Abb., DM 6,50

HEFT 177
Dipl.-Ing. H. Stüdemann, Solingen, und Dr.-Ing. W. Müchler, Essen
Entwicklung eines Verfahrens zur zahlenmäßigen Bestimmung der Schneideigenschaften von Messerklingen
1956, 104 Seiten, 68 Abb., 4 Tabellen, DM 22,20

HEFT 178
Prof. Dr. M. von Stackelberg u. Dr. W. Hans, Bonn
Untersuchungen zur Ausarbeitung und Verbesserung von polarographischen Analysenmethoden
1955, 46 Seiten, 14 Abb., 4 Tabellen, DM 10,50

HEFT 179
Dipl.-Ing. H. F. Reineke, Bochum
Entwicklungsarbeiten auf dem Gebiete der Meß- und Regeltechnik
1955, 46 Seiten, 10 Abb., DM 10,—

HEFT 180
Dr.-Ing. W. Piepenburg, Dipl.-Ing. B. Bühling und Bauing. J. Behnke, Köln
Putzarbeiten im Hochbau und Versuche mit aktiviertem Mörtel und mechanischem Mörtelauftrag
1955, 116 Seiten, 31 Abb., 68 Tabellen, DM 23,—

HEFT 181
Prof. Dr. W. Franz, Münster
Theorie der elektrischen Leitvorgänge in Halbleitern und isolierenden Festkörpern bei hohen elektrischen Feldern
1955, 28 Seiten, 2 Abb., 1 Tabelle, DM 6,20

HEFT 182
Dr.-Ing. P. Schenk u. Dr. K. Osterloh, Düsseldorf
Katalytisch-thermische Spaltung von gasförmigen und flüssigen Kohlenwasserstoffen zur Spitzengaserzeugung
1955, 50 Seiten, 11 Abb., 11 Tabellen, DM 10,90

HEFT 183
Dr. W. Bornheim, Köln
Entwicklungsarbeiten an Flaschen- und Ampullen-Behandlungsmaschinen für die pharmazeutische Industrie
1956, 48 Seiten, 24 Abb., DM 11,70

HEFT 184
Dr.-Ing. E. Printz, Kettwig
Vollhydraulische Parallel-Kupplung für Ackerschlepper
1955, 32 Seiten, 4 Abb., DM 7,80

HEFT 185
Dipl.-Ing. W. Rohs und Text.-Ing. G. Heller, Bielefeld
Studien an einem neuzeitlichen Kreuzspultrockner für Bastfasergarne mit Wiederbefeuchtungszone
1955, 52 Seiten, 9 Abb., 3 Tabellen, DM 10,70

HEFT 186
Dr. E. Wedekind, Krefeld
Untersuchungen zur Arbeitsbestgestaltung bei der Fertigstellung von Oberhemden in gewerblichen Wäschereien
1955, 124 Seiten, 28 Abb., 6 Tabellen, 2 Falttaf., DM 12,—

HEFT 187
Dipl.-Ing. F. Göttgens, Essen
Über die Eigenarten der Bimetall-, Thermo- und Flammenionisationssicherungsmethode in ihrer Anwendung auf Zündsicherungen
1955, 40 Seiten, 6 Abb., 4 Tabellen, DM 8,40

HEFT 188
W. Kinnebrock, Langenberg (Rhld.)
Der Einfluß des Austausches gleicher Gaskochbrenner bzw. Gaskochbrennerteile auf den Wirkungsgrad und insbesondere auf den CO-Gehalt der Verbrennungsgase
1955, 42 Seiten, 7 Tabellen, DM 8,70

HEFT 189
Fa. E. Leybold's Nachfolger, Köln
I. Ausgewählte Kapitel aus der Vakuumtechnik
II. Zum Verlust anorganisch-nichtflüchtiger Substanzen während der Gefriertrocknung
1955, 52 Seiten, 16 Abb., 3 Tabellen, DM 11,20

HEFT 190
Prof. Dr. A. Neuhaus, Prof. Dr. O. Schmitz-DuMont und Dipl.-Chem. H. Reckhard, Bonn
Zur Kenntnis der Alkalititanate
1955, 60 Seiten, 13 Abb., 1 Tabelle, DM 12,20

HEFT 191
Dr. H. Söhngen, Darmstadt
Schwingungsverhalten eines Schaufelkranzes im Vakuum
1955, 36 Seiten, 7 Abb., DM 7,80

HEFT 192
Dipl.-Phys. E. M. Schneider, München
Kohlebogenlampen für Aufnahme und Kopie
1955, 48 Seiten, 21 Abb., 3 Tabellen, DM 10,60

HEFT 193
Prof. Dr. O. Schmitz-DuMont, Bonn
Untersuchungen über neue Pigmentfarbstoffe
1956, 50 Seiten, 16 Abb., 8 Tabellen, DM 11,20

HEFT 194
Dr. K. Hecht, Köln
Entwicklung neuartiger physikalischer Unterrichtsgeräte
1955, 42 Seiten, 16 Abb., DM 9,90

HEFT 195
Dr.-Ing. E. Rößger, Köln
Gedanken über einen neuen deutschen Luftverkehr
1955, 342 Seiten, 29 Abb., 122 Tabellen, DM 50,—

HEFT 196
Dipl.-Ing. W. Rohs und Text.-Ing. H. Griese, Bielefeld
Auswirkungen von Garnfehlern bei der Verarbeitung von Leinengarnen
1955, 36 Seiten, 3 Abb., 6 Tabellen, DM 7,80

HEFT 197
Dr. E. Wedekind, Krefeld
Untersuchungen zur Bestimmung der optimalen Arbeitsplatzgröße bei Mehrstuhlarbeit in der Weberei
1955, 92 Seiten, 34 Abb., 3 Tabellen, DM 18,50

HEFT 198
Prof. Dr. J. Weissinger, Karlsruhe
Zur Aerodynamik des Ringflügels. Die Druckverteilung dünner, fast drehsymmetrischer Flügel in Unterschallströmung
1955, 42 Seiten, 5 Abb., DM 9,—

HEFT 199
Textilforschungsanstalt Krefeld
Die Messung von Gewebetemperaturen mittels Temperaturstrahlung
1955, 50 Seiten, 12 Abb., DM 10,90

HEFT 200
R. Seipenbusch, Langenberg (Rhld.)
Spitzengas durch Zusatz von Flüssiggas-Wassergas- und Flüssiggas-Generatorgas-Gemischen zu Stadtgas
1955, 48 Seiten, 21 Tabellen, DM 10,35

HEFT 201
Dr.-Ing. E. W. Pleines, Frankfurt/Main
Die Sicherheit im Luftverkehr
1956, 194 Seiten, 39 Abb., 19 Tabellen, DM 39,50

HEFT 202
Dipl.-Ing. D. Fiecke, Stuttgart/Zuffenhausen
Die Bestimmung der Flugzeugpolaren für Entwurfszwecke. I Teil: Unterlagen
1956, 216 Seiten, 171 Diagr., DM 59,70

HEFT 203
Dr. G. Wandel, Bonn
Uferbewachsung und Lebendverbauung an den Nordwestdeutschen Kanälen und ihren Zuflüssen sowie an der Ruhr
1956, 122 Seiten, 88 Abb., DM 25,70

HEFT 204
Dipl.-Ing. B. Naendorf, Langenberg (Rhld.)
Bestimmung der Brenneigenschaften und des Brennverhaltens verschiedener Gasarten und Einfluß verschiedener Düsengestaltung
1955, 32 Seiten, DM 7,10

HEFT 205
Dr. C. Schaarwächter, Düsseldorf
Über plastische Kupfer-Eisen-Phosphor-Legierungen
1936, 36 Seiten, 10 Abb., 10 Tabellen, DM 8,30

HEFT 206
Dr. P. Hölemann, Ing. R. Hasselmann und Ing. G. Dix, Dortmund
Untersuchungen über die Vorgänge bei der Zersetzung von in Azeton gelöstem Azetylen
1956, 74 Seiten, 7 Abb., 7 Tabellen, DM 15,55

HEFT 207
Prof. Dr.-Ing. H. Opitz, Dipl.-Ing. K. H. Fröhlich und Dipl.-Ing. H. Siebel, Aachen
Richtwerte für das Fräsen von unlegierten und legierten Baustählen mit Hartmetall. I. Teil
1956, 48 Seiten, 27 Abb., 3 Tabellen, DM 11,10

HEFT 208
Prof. Dr.-Ing. H. Müller, Essen
Untersuchungen an Elektrowärmegeräten für Laienbedienung hinsichtlich Sicherheit und Gebrauchsfähigkeit. I. Untersuchungen an Kochplatten
1956, 100 Seiten, 76 Abb., 7 Tabellen, DM 22,70

HEFT 209
Dr. K. Bunge, Leverkusen
Materialabbau in Funkenentladungen. Untersuchungen an Zinkkathoden
1956, 54 Seiten, 10 Abb., 5 Tabellen, DM 11,40

HEFT 210
Dr. W. Porschen und Prof. Dr. W. Riezler, Bonn
Langlebige Alphaaktivitäten bei natürlichen Elementen
1955, 40 Seiten, 5 Abb., 4 Tabellen, DM 8,80

HEFT 211
Prof. Dipl.-Ing. W. Sturtzel und Dr.-Ing. W. Graff, Duisburg
Die Versuchsanstalt für Binnenschiffbau, Duisburg
1956, 48 Seiten, 22 Abb., 11,—

HEFT 212
Dipl.-Ing. H. Spodig, Selm
Untersuchung zur Anwendung der Dauermagnete in der Technik
1955, 44 Seiten, 25 Abb., DM 9,80

HEFT 213
Dipl.-Ing. K. F. Rittinghaus, Aachen
Zusammenstellung eines Meßwagens für Bau- und Raumakustik
in Vorbereitung

HEFT 214
Dr.-Ing. J. Endres, München
Berechnung der optimalen Leistungen, Kraftstoffverbräuche und Wirkungsgrade von Einkreis-Turbolader-Strahltriebwerken am Boden und in der Höhe bei Fluggeschwindigkeiten von 0—2000 km/h
1956, 72 Seiten, 18 Abb., 8 Tabellen, DM 15,40

HEFT 215
Prof. Dr.-Ing. H. Opitz und Dr.-Ing. G. Weber, Aachen
Einfluß der Wärmebehandlung von Baustählen auf Spanentstehung, Schnittkraft- und Standzeitverhalten
1956, 80 Seiten, 30 Abb., 10 Tabellen, DM 18,40

HEFT 216
Dr. E. Kloth, Köln
Untersuchungen über die Ausbreitung kurzer Schallimpulse bei der Materialprüfung mit Ultraschall
1956, 90 Seiten, 60 Abb., 4 Tabellen, DM 19,40

HEFT 217
Rationalisierungskuratorium der Deutschen Wirtschaft (RKW), Frankfurt/Main
Typenvielzahl bei Haushaltgeräten und Möglichkeiten einer Beschränkung
1956, 328 Seiten, 2 Abb., 181 Tabellen, DM 49,50

HEFT 218
Dr. F. Keune, Aachen
Bericht über eine Theorie der Strömung um Rotationskörper ohne Anstellung bei Machzahl Eins
1955, 40 Seiten, 8 Abb., 5 Formelblätter, DM 8,80

WESTDEUTSCHER VERLAG · KÖLN UND OPLADEN

HEFT 219
Prof. Dr. W. Fuchs, Aachen
Untersuchungen zur Holzabfallverwertung und zur Chemie des Lignins
1955, 54 Seiten, 11 Abb., 15 Tabellen DM 11,40

HEFT 220
Prof. Dr. W. Fuchs, Aachen
Die Entwicklung neuer Regel- und Kontroll-Apparate zur coulometrischen Analyse
1956, 76 Seiten, 17 Abb. 23 Tabellen, DM 15,50

HEFT 221
Dr. W. Meyer-Eppler, Bonn
Experimentelle Untersuchungen zum Mechanismus von Stimme und Gehör in der lautsprachlichen Kommunikation *1955, 56 Seiten, 24 Abb., DM 13,45*

HEFT 222
Dr. L. Köllner, Münster, und Dipl.-Volkswirt M. Kaiser, Bochum
Die internationale Wettbewerbsfähigkeit der westdeutschen Wollindustrie *1956, 214 Seiten, DM 39,50*

HEFT 223
Dr.-Ing. K. Alberti und Dr. F. Schwarz, Köln
Über das Problem Hartbrand-Weichbrand
1956, 54 Seiten, 25 Abb., 14 Tabellen, DM 12,10

HEFT 224
Dipl.-Ing. H. Stüdeman und Ing. R. Beu, Solingen
Verfahren zur Prüfung der Korrosionsbeständigkeit von Messerklingen aus rostfreiem Stahl
1956, 82 Seiten, 28 Abb., DM 16,90

HEFT 225
Dr.-Ing. E. Barz, Remscheid
Der Spannungszustand von Gattersägeblättern
1956, 74 Seiten, 54 Abb., DM 16,50

HEFT 226
Technisch-wissenschaftliches Büro für die Bastfaserindustrie, Bielefeld
Untersuchungen zur Verbesserung des Leinenwebstuhles IV
Die Wirkung verschiedener Kettbaumbremsen auf die Verwebung von Leinengarnen
1956, 64 Seiten, 9 Abb., 4 Tabellen, DM 13,50

HEFT 227
Prof. Dr. F. Wever, Düsseldorf und Dr. W. Wepner, Köln
Untersuchung der Alterungsneigung von weichen unlegierten Stählen durch Härteprüfung bei Temperaturen bis 300 Grad C
1956, 34 Seiten, 20 Abb., 3 Tabellen, DM 7,95

HEFT 228
Prof. Dr. F. Wever, Dr. W. Koch, Düsseldorf, und Dr. B. A. Steinkopf, Dortmund
Spektrochemische Grundlagen der Analyse von Gemischen aus Kohlenmonoxyd, Wasserstoff und Stickstoff *1956, 42 Seiten, 18 Abb., 1 Tabelle, DM 9,90*

HEFT 229
Prof. Dr. F. Wever, Dr. W. Koch und Dr.-Ing. H. Malissa, Düsseldorf
Über die Anwendung disubstituierter Dithiocarbamate der analytischen Chemie
1956, 44 Seiten, 30 Abb., 5 Tabellen, DM 10,50

HEFT 230
Prof. Dr. F. Wever, Düsseldorf, und Dr. W. Wepner, Köln
Bestimmung kleiner Kohlenstoffgehalte im Alpha-Eisen durch Dämpfungsmessung
1956, 34 Seiten, 5 Abb., 2 Tabellen, DM 7,70

HEFT 231
Dr.-Ing. W. Küch, Dortmund
Über die Wechselwirkung zwischen Holzschutzbehandlung und Verleimung
1956, 48 Seiten, 10 Abb., 8 Tabellen, DM 10,40

HEFT 232
Prof. Dr.-Ing. O. Kienzle, Hannover, und Dr.-Ing. H. Münnich, Schweinfurt
Feststellung der Spannungen und Dehnungen und Bruchdrehzahlen der unter Fliehkraft und Bearbeitungskraft beanspruchten Schleifkörper
in Vorbereitung

HEFT 233
Dr. H. Haase, Hamburg
Infrarot-Bibliographie *1956, 90 Seiten, DM 17,80*

HEFT 234
Dr.-Ing. K. G. Speith und Dr.-Ing. A. Bungeroth, Duisburg
Versuche zur Steigerung des Kokillen-Schluckvermögens beim Stranggießen von Stahl
1956, 26 Seiten, 5 Abb., DM 6,15

HEFT 235
Prof. Dr.-Ing. K. Leist und Dipl.-Ing. W. Dettmering, Aachen
Turbinenschaufeln aus Kunststoff für Kaltluftversuchsanlagen
1956, 46 Seiten, 43 Abb., 3 Tabellen, DM 12,30

HEFT 236
Dr.-Ing. O. Viertel und S. Lucas, Krefeld
Ergebnisse einer Hausfrauenbefragung über Wascheinrichtungen und Waschmethoden in städtischen Haushaltungen
1956, 34 Seiten, 4 Abb., DM 7,60

HEFT 237
Dr. P. Endler und Dr. H. Ludes, Köln
Bericht über eine Studienreise zur Orientierung der heutigen Behandlung der Lungentuberkulose in den Vereinigten Staaten von Nordamerika
1956, 32 Seiten, DM 7,10

HEFT 238
Institut für textile Meßtechnik, M-Gladbach, e. V.
Untersuchungen der Verzugsvorgänge an den Streckwerken verschiedener Spinnereimaschinen. 3. Bericht: Theoretische Betrachtungen über den Einfluß schlagender Zylinder und Druckrollen
1956, 66 Seiten, 21 Abb., DM 14,10

HEFT 239
Prof. Dr.-Ing. K. Leist und Dipl.-Ing. H. Scheele, Aachen, und Dipl.-Ing. F. H. Flottmann, Herne
Versuche an einem neuartigen luftgekühlten Hochleistungs-Kolbenkompressor
1956, 72 Seiten, 19 Abb., 7 Tabellen, DM 14,40

HEFT 240
Prof. Dr.-Ing. K. Leist und Dipl.-Ing. H. Scheele, Aachen
Temperaturmessungen an einem einstufigen luftgekühlten 4-Zylinder-Kolbenkompressor mit Kühlgebläse *1956, 74 Seiten, 36 Abb., DM 14,80*

HEFT 241
Prof. Dr.-Ing. K. Leist und Dipl.-Ing. M. Pötke, Aachen
Leistungsversuche an einem Kühlluftgebläse
1956, 60 Seiten, 13 Abb., DM 11,70

HEFT 242
Prof. Dr.-Ing. K. Leist und Dipl.-Ing. K. Graf, Aachen
Straßenfahrzeuge mit Gasturbinenantrieb
1956, 82 Seiten, 63 Abb., DM 17,20

HEFT 243
Prof. Dr.-Ing. K. Leist und Dipl.-Ing. S. Förster, Aachen
Die französische Kleingasturbine Artouste — 1. Teil
1956, 80 Seiten, 41 Abb., DM 15,85

HEFT 244
Prof. Dr. F. Wever, Dr. W. Koch und Dr. S. Eckhard, Düsseldorf
Erfahrungen mit der spektrochemischen Analyse von Gefügebestandteilen des Stahles
1956, 32 Seiten, 8 Abb., 2 Tabellen, DM 7,80

HEFT 245
Prof. Dr.-Ing. habil. K. Krekeler, Aachen
Das Verbinden von Metallen durch Kunstharzkleber. Teil I: Eigenschaften und Verwendung der Metallklebstoffe *1956, 48 Seiten, 8 Abb., DM 10,25*

HEFT 246
Prof. Dr.-Ing. habil. K. Krekeler, Aachen
Das Verbinden von Metallen durch Kunstharzkleber. Teil II: Untersuchungen an geklebten Leichtmetall-Verbindungen *1956, 80 Seiten, 40 Abb., DM 17,50*

HEFT 247
Dr. H. Söhngen, Darmstadt
Strömung vor einem Überschall-Laufrad
1956, 26 Seiten, 4 Abb., DM 7,60

HEFT 248
Rheinische Aktiengesellschaft für Braunkohlenbergbau und Brikettfabrikation, Köln
Untersuchung der Bindemitteleigenschaften von Braunkohlenfilteraschen
1956, 176 Seiten, 26 Abb., 30 Tabellen, DM 35,60

HEFT 249
Dr. M.-E. Meffert, Essen
Weitere Kulturversuche Scenedesmus obliquus
1956, 36 Seiten, 5 Abb., 10 Tabellen, DM 8,—

HEFT 250
Dr. F. Schwarz und Dr.-Ing. K. Alberti, Köln
Entwicklung von Untersuchungsverfahren zur Gütebeurteilung von Industriekalken
1956, 36 Seiten, 9 Abb., DM 16,50

HEFT 251
Prof. Dr. H. Bittel, Münster
Zur Statistik der ferromagnetischen Elementarvorgänge und ihren Einfluß auf das Barkhausenrauschen
1956, 52 Seiten, 14 Abb., DM 11,65

HEFT 252
Dipl.-Ing. H. Frings, Geilenkirchen
Die Wirkung abfallender Wetterführung auf Wettertemperatur, Grubengasgehalt und Staubbildung
in Vorbereitung

HEFT 253
Dipl.-Ing. S. Schirmanski, Berghausen
Stand und Auswertung der Forschungsarbeiten über Temperatur- und Feuchtigkeitsgrenzen bei der bergmännischen Arbeit
in Vorbereitung

HEFT 254
Prof. Dr. R. Danneel, Bonn
Quantitative Untersuchungen über die Entwicklung des Ehrlich-Ascitestumors bei Inzuchtmäusen
1956, 52 Seiten, 17 Tabellen, DM 11,75

HEFT 255
Ing. B. v. Schlippe, Bad Nauheim
Strömung von Flüssigkeiten mit temperaturabhängiger Zähigkeit (Kühlung von Öfen)
1956, 54 Seiten, 12 Abb., 4 Tabellen, DM 11,70

HEFT 256
Prof. Dr. C. Schmieden und Dipl.-Math. K. H. Müller, Darmstadt
Die Strömung einer Quellstrecke im Halbraum — eine strenge Lösung der Navier-Stokes-Gleichungen
1956, 40 Seiten, 9 Abb., DM 8,80

HEFT 257
Prof. Dr. G. Lehmann und Dr. J. Tamm, Dortmund
Die Beeinflussung vegetativer Funktionen des Menschen durch Geräusche
1956, 48 Seiten, 25 Abb., 3 Tabellen, DM 11,20

HEFT 258
Dr. H. Paul, Linz (Rhein), und Prof. Dr. O. Graf, Dortmund
Zur Frage der Unfälle im Bergbau
1956, 52 Seiten, 9 Abb., 22 Tabellen, DM 11,20

HEFT 259
Prof. D. W. Linke, Aachen
Strömungsvorgänge in künstlich belüfteten Räumen
1956, 52 Seiten, 37 Abb., 1 Tabelle, DM 11,80

HEFT 260
Prof. Dr. W. Kast, Freiburg (Br.), Prof. Dr. A. H. Stuart und Dipl.-Phys. H. G. Fendler, Hannover
Lichtzerstreuungsmessungen an Lösungen hochpolymerer Stoffe
1956, 70 Seiten, 25 Abb., 5 Tabellen, DM 15,60

HEFT 261
Prof. Dr. W. Kast, Freiburg (Br.)
Feinstruktur-Untersuchungen an künstlichen Zellulosefasern verschiedener Herstellungsverfahren.
Teil II: Der Kristallisationszustand
1956, 80 Seiten, 27 Abb., 11 Tabellen, DM 17,20

HEFT 262
Dr.-Ing. W. Batel, Aachen
Untersuchungen zur Absiebung feuchter, feinkörniger Haufwerke und Schwingsieben
1956, 100 Seiten, 45 Abb., 5 Tabellen, DM 23,40

HEFT 263
Prof. Dr. H. Lange und Dipl.-Phys. R. Kohlhaas, Köln
Über die Wärmeleitfähigkeit von Stählen bei hohen Temperaturen: Teil I: Literaturbericht
1956, 48 Seiten, 26 Abb., 8 Tabellen, DM 10,70

HEFT 264
Prof. Or. W. Weizel, Bonn
Durch schnelle Funkenzusammenbrüche ausgelöste Signale auf einer Leitung
1956, 26 Seiten, 4 Abb., 3 Tabellen, DM 6,10

HEFT 265
Prof. Dr. F. Micheel und Dr. R. Engel, Münster
Eine Apparatur zur elektrophoretischen Trennung von Stoffgemischen
1956, 38 Seiten, 21 Abb., DM 9,20

HEFT 266
Fliesen-Beratungsstelle Bad Godesberg-Mehlem
Güteeigenschaften keramischer Wand- und Bodenfliesen und deren Prüfmethoden
1956, 32 Seiten, DM 7,10

HEFT 267
Prof. Dr. W. Weizel und B. Brandt, Bonn
Zur Stabilität stromstarker Glimmentladungen
1956, 36 Seiten, 7 Abb., DM 8,40

WESTDEUTSCHER VERLAG · KÖLN UND OPLADEN

HEFT 268
Prof. Dr.-Ing. G. Vogelpohl, Göttingen
Über die Tragfähigkeit von Gleitlagern und ihre Berechnung
1956, 76 Seiten, 24 Abb., 7 Tabellen, DM 16,85

HEFT 269
Markscheider R. Bals, Bochum
Eignung des Gebirgsankerausbaus zur Erleichterung des Streckenvortriebs im Steinkohlenbergbau
1956, 84 Seiten, 41 Abb., DM 18,75

HEFT 270
Dr. H. Krebs und Mitarbeiter, Bonn
Die Trennung von Racematen auf chromatographischem Wege
1956, 62 Seiten, 18 Tabellen, DM 12,95

HEFT 271
Prof. Dr.-Ing. H. Opitz und Dipl.-Ing. H. Axer, Aachen
Beeinflussung des Verschleißverhaltens bei spanenden Werkzeugen durch flüssige und gasförmige Kühlmittel und elektrische Maßnahmen
1956, 46 Seiten, 28 Abb., DM 10,70

HEFT 272
Prof. Dr. W. Fuchs und Dr. H. Dresia, Aachen
Untersuchungen über die Schnellverbrennung und Schnellvergasung fester Brennstoffe
1956, 56 Seiten, 14 Abb., 3 Tabellen, DM 11,90

HEFT 273
Fa. K. W. Tacke G.m.b.H., Wuppertal-Barmen
Erfahrungen beim Verspinnen von Perlonfasern und bei der Herstellung von Trikotagen aus gesponnenem Perlon
1956, 36 Seiten, DM 7,90

HEFT 274
Prof. Dr.-Ing. K. Krekeler, Aachen
Qualitative Untersuchungen bei Verbindungsschweißungen mittels Lichtbogenschweißautomaten unter Verwendung von Blankdraht und Zugabe von ferromagnetischem Pulver als Umhüllung
1956, 68 Seiten, 40 Abb., 8 Tabellen, DM 15,45

HEFT 275
Prof. Dr.-Ing. habil. K. Krekeler, Aachen, und Dipl.-Ing. H. Verhoeven, Aachen
Quantitative Untersuchungen von Punktschweißverbindungen an Tiefzieh- und Aluminiumblechen, die nach dem Argonarc-Punktschweißverfahren hergestellt werden
1956, 64 Seiten, 45 Abb., DM 14,60

HEFT 276
Fa. E. Haage, Mülheim (Ruhr)
Entwicklungsarbeiten im Apparatebau für Laboratorien
1956, 48 Seiten, 18 Abb., DM 10,50

HEFT 277
Dr.-Ing. W. Müchler, Essen
Untersuchung und zahlenmäßige Bestimmung der Schneideigenschaften von Messern und besonderer Berücksichtigung rostfreier Messerstähle
1956, 60 Seiten, 27 Abb., 5 Tabellen, DM 13,20

HEFT 278
Dipl.-Ing. J. Stelter und Dipl.-Ing. H. Kickert, Aachen
I. Sichtbarmachung von Ultraschallfeldern unter Verwendung photographischer Emulsionsschichten
II. Methode zur Bestimmung der wirklichen Temperaturverhältnisse in Flüssigkeiten während der Beschallung (Nach einer Diplom-Arbeit von H. Schnitzler)
1956, 54 Seiten, 24 Abb., DM 12,75

HEFT 279
Dr. F. Keune, Aachen
Der gewölbte und verwundene Tragflügel ohne Dicke in Schallnähe
1956, 42 Seiten, 15 Abb., DM 9,25

HEFT 280
Dipl.-Ing. J. Stelter und Dipl.-Ing. E. Pfende, Aachen
Über Störerscheinungen bei Schallgeschwindigkeitsmessungen mittels der Interferometermethode
1956, 42 Seiten, 13 Abb., DM 9,60

HEFT 281
Prof. Dr.-Ing. K. Lürenbaum, Aachen
Der Meßwagen des Instituts für Maschinen-Dynamik der Deutschen Versuchsanstalt für Luftfahrt, Aachen
1956, 34 Seiten, 17 Abb., 4 Tabellen, DM 8,60

HEFT 282
Bergrat a. D. Scherer, Bochum
Das B. T.-Schwelverfahren und seine Anwendung auf der Anlage Marienau
1956, 44 Seiten, 7 Abb., DM 9,60

HEFT 283
Prof. Dr. F. Wever und Dr.-Ing. W. Lueg, Düsseldorf
Warmstauchversuche zur Ermittlung der Formänderungsfestigkeit von Gesenkschmiede-Stählen
1956, 44 Seiten, 19 Abb., DM 9,90

Heft 284
Prof. Dr. F. Wever, Düsseldorf, Dr.-Ing. H. J. Wiester, Essen, Dr.-Ing. F. W. Straßburg, Duisburg, Prof. Dr.-Ing. H. Opitz, Aachen, und Dr.-Ing. K. H. Fröhlich, Köln
Einfluß des Gefüges auf die Zerspanbarkeit von Einsatz- und Vergütungsstählen
in Vorbereitung

HEFT 285
Prof. Dr.-Ing. O. Kienzle, Dr.-Ing. K. Lange, Hannover, und Dipl.-Ing. H. Meinert, Osterode
Einfluß der Oberfläche auf das Verschleißverhalten von Schmiedegesenken
1956, 62 Seiten, 29 Abb., 8 Tabellen, DM 14,60

HEFT 286
Dr.-Ing. K. Lange, Hannover, Dipl.-Ing. H. Meinert, Osterode, unter Mitarbeit von Dr.-Ing. H. Arend, Mülheim (Ruhr)
Verschleißverhalten hartverchromter Schmiedegesenke
1956, 74 Seiten, 53 Abb., 6 Tabellen, DM 17,65

HEFT 287
Prof. Dr.-Ing. habil. K. Krekeler, Aachen
Änderungen der mechanischen Eigenschaftswerte thermoplastischer Kunststoffe bei Beanspruchung in verschiedenen Medien
1956, 62 Seiten, 23 Abb., 5 Tabellen, DM 13,70

HEFT 288
Dr. K. Brücker-Steinkuhl, Düsseldorf
Anwendung mathematisch-statistischer Verfahren in der Industrie
1956, 103 Seiten, 27 Abb., 14 Tabellen, DM 24,20

HEFT 289
Prof. Dr.-Ing. H. Winterhager, Aachen
Kombinierter Widerstands- und Lichtbogen-Vakuumofen zur Verarbeitung von Titanschwamm
Prof. Dr. Dr. h. c. R. Schwarz, Aachen
Erforschung neuer Wege zur Darstellung von Titanmetall
in Vorbereitung

HEFT 290
Dr. D. Horstmann, Düsseldorf
I. Der verstärkte Angriff des Zinks auf Eisen im Temperaturgebiet um 500° C
II. Einfluß eines Antimongehaltes auf den Angriff von Zinkschmelzen auf Eisen
1956, 48 Seiten, 33 Abb., 3 Tabellen, DM 11,90

HEFT 291
Dr.-Ing. H. J. Wiester und Dr. D. Horstmann, Düsseldorf
Der Angriff eisengesättigter Zinkschmelzen auf silizium- und manganhaltiges Eisen
1956, 52 Seiten, 45 Abb., 8 Tabellen, DM 12,60

HEFT 292
Dipl.-Ing. W. Rohs und Text.-Ing. H. Griese, Bielefeld
Webversuche an Leinenwebstühlen mit verbesserter Schaftbewegung
1956, 34 Seiten, 3 Abb., 2 Tabellen, DM 7,60

HEFT 293
Prof. J. W. Korte, unter Mitarbeit von Dipl.-Ing. P. A. Mäcke und Dipl.-Ing. W. Leutzbach, Aachen
Die Leistungsfähigkeit von Verkehrsanlagen des motorisierten städtischen Straßenverkehrs
1956, 98 Seiten, 35 Abb., 5 Tabellen, 1 Falttafel, DM 22,50

HEFT 294
Dipl.-Ing. B. Naendorf, Essen
Untersuchungen industrieller Gasbrenner
1956, 58 Seiten, 6 Abb., 3 Tabellen, DM 12,40

HEFT 295
Prof. Dr.-Ing. H. Opitz und Dipl.-Ing. H. Axer, Aachen
Untersuchung und Weiterentwicklung neuartiger elektrischer Bearbeitungsverfahren
1956, 42 Seiten, 27 Abb., DM 10,30

HEFT 296
Prof. Dr.-Ing. H. Opitz, Aachen
I. Untersuchungen an elektronischen Regelantrieben
II. Statische Untersuchungen zur Ausnutzung von Drehbänken
1956, 46 Seiten, 18 Abb., DM 10,40

HEFT 297
Dr. K. Schaarwächter, Düsseldorf
Die Reduktion von Siliziumtetrachlorid im Lichtbogen zur nachfolgenden Silizierung von Eisenblechen
in Vorbereitung

HEFT 298
Prof. Dr.-Ing. E. Oehler, Aachen
Untersuchung von kritischen Drehzahlen, die durch Kreiselmomente verursacht werden
1956, 50 Seiten, 35 Abb., DM 13,15

HEFT 299
Dr. J. Fassbender und W. Hoppe, Bonn
Eine photoelektrische Nachlaufeinrichtung für Analogie-Rechenmaschinen
1956, 20 Seiten, 8 Abb., DM 7,65

HEFT 300
Prof. Dr. E. Schütz und Privatdozent Dr. H. Caspers, Münster
Tierexperimentelle Untersuchungen über die Alkoholwirkungen auf Erregbarkeit und bioelektrische Spontanaktivität der Hirnrinde
1956, 44 Seiten, 6 Abb., 1 Tabelle, DM 9,55

HEFT 301
Prof. Dr. W. Weltzien, Dr. G. Cossmann und P. Diehl, Krefeld
Über die fraktionierte Füllung von Polyamiden (II)
1956, 54 Seiten, 1 Abb., 16 Tabellen, DM 11,30

HEFT 302
Prof. Dr.-Ing. W. Wegener und Dipl.-Ing. Willi Zahn, Aachen
Untersuchungen von gesponnenen Garnen auf ihre Gleichmäßigkeit nach verschiedenen Meßmethoden
in Vorbereitung

HEFT 303
Prof. Dr. Ing. S. Kiesskalt, Aachen
Das Institut für Forschungsgesellschaft Verfahrenstechnik e. V. an der Technischen Hochschule Aachen
1956, 76 Seiten, 20 Abb., 3 Tabellen, DM 16,40

HEFT 304
Prof. Dr.-Ing. K. Krekeler, Düsseldorf, und Dipl.-Ing. A. Kleine-Albers, Aachen
Beitrag zur thermoelastischen Warmformbarkeit von Hart PVC
in Vorbereitung

HEFT 305
Prof. Dr.-Ing. K. Krekeler, Düsseldorf, Dr.-Ing. H. Peukert, Aachen, und Dipl.-Ing. W. Schmitz, Siegburg
Heißgas-Schweißung von Hart-Polyvinylchlorid mit Zusatzwerkstoff
1956, 44 Seiten, 27 Abb., 5 Tabellen, DM 12,50

HEFT 306
Prof. Dr. B. Rensch, Münster
Elektrophysiologische Untersuchungen zur Analysierung der Bildung von Assoziationen und Gedächtnisspuren in Gehirn und Rückenmark
Prof. Dr. A. Loeser, Münster
Akute und chronische Giftwirkungen sauerstoffhaltiger Lösungsmittel
1956, 36 Seiten, 9 Abb., DM 8,90

HEFT 307
Privatdozent Dr. J. Juilfs, Krefeld
Vergleichende Untersuchungen zur elastischen und bleibenden Dehnung von Fasern
1956, 36 Seiten, 11 Abb., DM 8,30

HEFT 308
Privatdozent Dr. J. Juilfs, Krefeld
Zur Messung der Fadenglätte
1956, 22 Seiten, 10 Abb., 2 Tabellen, DM 8,—

HEFT 309
Prof. Dr. K. Cruse und Mitarbeiter, Clausthal-Zellerfeld
Aufbau und Arbeitsweise eines universell verwendbaren Hochfrequenz-Titrationsgerätes
1957, 48 Seiten, 29 Abb., DM 11,90

HEFT 310
Dr. P. F. Müller, Bonn
Die Integrieranlage des Rheinisch-Westfälischen Instituts für Instrumentelle Mathematik in Bonn
1956, 62 Seiten, 6 Abb., 30 Satzskizzen, DM 14,45

HEFT 311
Prof. Dr. F. Wever und Dr. M. Hempel, Düsseldorf
Dauerschwingfestigkeit von Stählen bei erhöhten Temperaturen
Teil I: Erkenntnisse aus bisherigen Dauerschwingversuchen in der Wärme
1956, 48 Seiten, 19 Abb., 2 Tabellen, DM 10,90

HEFT 312
Prof. Dr. F. Wever und Dr. M. Hempel, Düsseldorf
Dauerschwingfestigkeit von Stählen bei erhöhten Temperaturen
Teil II: Zug-Druck-Dauerschwingversuche an zwei warmfesten Stählen bei Temperaturen von 500 bis 650°
1956, 48 Seiten, 20 Abb., 3 Tabellen, DM 11,80

WESTDEUTSCHER VERLAG · KÖLN UND OPLADEN

HEFT 313
*Prof. Dr. F. Wever, Dr. W. Koch und
Dipl.-Phys. H. Rohde, Düsseldorf*
Änderungen des Habitus und der Gitterkonstanten des Zementits in Chromstählen bei verschiedenen Wärmebehandlungen
1956, 88 Seiten, 29 Abb., 8 Tabellen, DM 20,90

HEFT 314
Prof. Dr. F. Wever und Dr.-Ing. A. Krisch, Düsseldorf, und Dr.-Ing. H.-J. Wiester, Essen
Veränderungen im Gefügeaufbau von Chrom-Nickel-Molybdän-Stählen bei langzeitiger Beanspruchung im Zeitstandversuch bei 500°
1956, 48 Seiten, 26 Abb., 5 Tabellen, DM 11,70

HEFT 315
Prof. Dr. F. Wever und Dr.-Ing. A. Krisch, Düsseldorf
Metallkundliche Untersuchungen an Zeitstandproben
1956, 38 Seiten, 12 Abb., DM 9,15

HEFT 316
Dr. F. Keune, Aachen
Zusammenfassende Darstellung und Erweiterung des Aequivalenzsatzes für schallnahe Strömung
1956, 80 Seiten, 22 Abb., DM 17,90

HEFT 317
Dr.-Ing. J. Stelter, Aachen
Mikrobiologische Ultraschallwirkungen
in Vorbereitung

HEFT 318
Dipl.-Ing. H. Kickert, Aachen
Über die Ausbreitung von Ultraschall in Luft
in Vorbereitung

HEFT 319
Prof. Dr. C. Kröger, Aachen
Gemengereaktionen und Glasschmelze
in Vorbereitung

HEFT 320
Dr. H.-E. Caspary, Köln
Verwendung von Szintillationszählern anstelle von Zählrohren zur zerstörungsfreien Materialprüfung
1956, 42 Seiten, 13 Abb., 2 Tabellen, DM 10,10

HEFT 321
*Prof. Dr. F. Wever, Düsseldorf, und
Dr. W. Wepner, Köln*
Gleichzeitige Bestimmung kleiner Kohlenstoff- und Stickstoffgehalte im a-Eisen durch Dämpfungsmessung
1956, 30 Seiten, 3 Abb., 4 Tabellen, DM 6,80

HEFT 322
*Prof. Dr.-Ing. F. Bollenrath und
Dipl.-Ing. W. Domke, Aachen*
Eigenspannungen in vergüteten, dickwandigen Stahlzylindern nach Oberflächenhärtung mit induktiver Erwärmung
1956, 30 Seiten, 9 Abb., 2 Tabellen, DM 6,90

HEFT 323
Prof. Dr. R. Seyffert, Köln
Wege und Kosten der Distribution der Textilien, Schuh- und Lederwaren
1956, 98 Seiten, 37 Tabellen, 1 Falttaf., DM 12,—

HEFT 324
*Prof. Dr.-Ing. H. Opitz, Dr.-Ing. E. Saljé und
Dipl.-Ing. K. E. Schwartz, Aachen*
Richtwerte für das Außenrund-Längs- und Einstechschleifen
1956, 62 Seiten, 44 Abb., 2 Tabellen, DM 13,85

HEFT 325
Prof. Dr. E. Schratz, Münster
Pharmakognostische Untersuchungen am Medizinal-Rhabarber
in Vorbereitung

HEFT 326
Prof. Dr.-Ing. E. Essers und Mitarbeiter, Aachen
Deichselkräfte an Lastzügen
in Vorbereitung

HEFT 327
*Prof. Dr.-Ing. habil. K. Krekeler und
Dr.-Ing. H. Peukert, Aachen*
Beitrag zur thermoelastischen Formbarkeit von Polyäthylen
1956, 56 Seiten, 49 Abb., 9 Tabellen, DM 12,80

HEFT 328
Dr. H. Maeder, Belo Horizonte
Schweißen von Temperguß
in Vorbereitung

HEFT 329
*Dipl.-Ing. A. Krüger, Karlsruhe, und Feuerwehr-Ing.
R. Radusch, Dortmund*
Wasserzerstäubung im Strahlrohr
1956, 86 Seiten, 21 Abb., 3 Tabellen, DM 18,65

HEFT 330
Dipl.-Physiker E. Pepping, Aachen
Die Durchflußzahl des Rechteckschlitzes in einer sehr großen Wand
in Vorbereitung

HEFT 331
Dipl.-Ing. G. Bretschneider, Ruit
Die Messung der wiederkehrenden Spannung mit Hilfe des Netzmodelles
in Vorbereitung

HEFT 332
Prof. Dr.-Ing. R. Jaeckel und Dr. G. Reich, Bonn
Messung von Dampfdrucken im Gebiet unter 10^{-2} Torr
1956, 42 Seiten, 16 Abb., 2 Tabellen, DM 10,40

HEFT 333
*Prof. Dipl.-Ing. W. Sturtzel und
Dr.-Ing. W. Graff, Duisburg*
I. Der Flachwassereinfluß auf den Form- und Reibungswiderstand von Binnenschiffen
II. Der Flachwassereinfluß auf die Nachstrom- und Sogverhältnisse bei Binnenschiffen
1956, 44 Seiten, 14 Abb., DM 9,80

HEFT 334
Prof. Dr. W. Weizel und Dr. G. Meister, Bonn
Spektralanalyse durch Messung des Interferenz-Kontrastes
1956, 42 Seiten, DM 9,80

HEFT 335
Prof. Dr. W. Weizel und H. Hornberg, Bonn
Untersuchungen der anodischen Teile einer Glimmentladung
in Vorbereitung

HEFT 336
Dr. Tung-ping Yao, Aachen
Die Viskosität metallischer Schmelzen
in Vorbereitung

HEFT 337
Dr. R. Hoeppener und Dr. W. Bierther, Bonn
Tektonik und Lagestätten im Rheinischen Schiefergebirge
in Vorbereitung

HEFT 338
*Prof. Dr.-Ing. W. Wegener, Aachen, und
Dipl.-Ing. J. Schneider, M.-Gladbach*
Die Bedeutung der Knotenart für die Herabminderung der Fadenbrüche
1957, 40 Seiten, 6 Abb., DM 9,80

HEFT 339
*Prof. Dr.-Ing. W. Wegener und
Dipl.-Ing. W. Zahn, Aachen*
Vergleich des normalen mit verschiedenen abgekürzten Baumwollspinnverfahren in bezug auf Gleichmäßigkeit und Sortierungsstreuung der Garne
1956, 56 Seiten, 17 Abb., 17 Tabellen, DM 12,70

HEFT 340
Dipl.-Ing. W. Rohs und Dipl.-Ing. R. Otto, Bielefeld
Das Naßspinnen von Bastfasergarnen mit Spinnbadzusätzen unter Ausnutzung einer zentralen Spinnwasserversorgungsanlage
1956, 56 Seiten, 2 Abb., 6 Tabellen, DM 11,60

HEFT 341
Prof. Dr.-Ing. H. Winterhager und Dipl.-Ing. L. Werner, Aachen
Präzisions-Meßverfahren zur Bestimmung des elektrischen Leitvermögens geschmolzener Salze
1956, 44 Seiten, 19 Abb., 1 Tabelle, DM 10,60

HEFT 342
Prof. Dr.-Ing. H. Winterhager und Dipl.-Ing. W. Barthel, Aachen
Die Gewinnung von Titanschlackenkonzentraten aus eisenreichen Ilemniten
in Vorbereitung

HEFT 343
*Prof. Dr.-Ing. W. Petersen, Aachen, und Dipl.-Ing.
S. Wawroschek, Aachen*
Die zweckmäßigsten Gütebestimmungsverfahren und Brikettierungsbedingungen bei der Erzeugung von Braunkohlen-Eisenerz-Briketts
1956, 64 Seiten, 28 Abb., DM 13,95

HEFT 344
Prof. Dr.-Ing. W. Fucks, Aachen
Zur Deutung einfachster mathematischer Sprachcharakteristiken
1956, 38 Seiten, 12 Abb., DM 7,80

HEFT 345
Dipl.-Ing. G. Cerbe und Dipl.-Ing. H. Monstadt, Essen
Konvektive Trocknung mit gasbeheizter Luft und Trocknung durch Gasstrahler
in Vorbereitung

HEFT 346
Dipl.-Ing. O. Arnold, Aachen
Erfahrungen mit Kernbohrungen zur Lagerstättenuntersuchung im Erzbergbau
in Vorbereitung

HEFT 347
S. Ruff, F. Kipp, H. Hansteen und G. Müller, Bonn
Untersuchungen zur Frage der Gehörschädigungen des fliegenden Personals der Propellerflugzeuge
in Vorbereitung

HEFT 348
*Prof. Dr.-Ing. E. Piwowarsky
und Dr.-Ing. E. G. Nickel, Aachen*
Metallurgie eines hochwertigen Gußeisens mit kompakter bis kugelförmiger Graphitausbildung
in Vorbereitung

HEFT 349
*Dr.-Ing. W. A. Fischer, Dr.-Ing. H. Treppschuh
und Dr.-Ing. K. H. Köthemann, Düsseldorf*
Tiegel aus Schmelzmagnesia für Vakuuminduktionsöfen
in Vorbereitung

HEFT 350
*Prof. Dr.-Ing. habil. K. Krekeler
und Dr.-Ing. H. Peukert, Aachen*
Das Spannungsverhalten der Kunststoffe bei der Verarbeitung
in Vorbereitung

HEFT 351
*Prof. Dr.-Ing. H. Opitz, Dipl.-Ing. H. Axer und
Dipl.-Ing. H. Rhode, Aachen*
Zerspanbarkeit hochwarmfester und nichtrostender Stähle. Teil I
in Vorbereitung

HEFT 352
Dipl.-Ing. H. Fauser, Aachen
Fahrdynamik und Batterie-Arbeitsverbrauch von Akkumulatorenlokomotiven im Untertagebetrieb
in Vorbereitung

HEFT 353
Forschungsinstitut für Rationalisierung, Aachen
Schlagwortregister zur Rationalisierung
in Vorbereitung

HEFT 354
Dipl.-Ing. D. Wagener, Aachen
Auswirkungen neuer Gaserzeugungs-Verfahren unter Berücksichtigung der Auswirkung auf den Kokereibetrieb
in Vorbereitung

HEFT 355
*Prof. Dr.-Ing. habil. K. Krekeler, Dr.-Ing. H. Peukert und
Dipl.-Ing. A. Kleine-Albers, Aachen*
Heißgas-Schweißungen von Weich-Polyvinylchlorid mit Zusatzwerkstoff
in Vorbereitung

HEFT 356
Dipl.-Phys. G. Gurke, Aachen
Aufbau einer Meßanlage für Untersuchungen elektrischer Gasentladung im Bereiche großer p. d.-Werte
1956, 38 Seiten, 13 Abb., DM 8,65

HEFT 357
Prof. Dr.-Ing. W. Fucks, Aachen
Mathematische Analyse der Formalstruktur von Musik
in Vorbereitung

HEFT 358
*Prof. Dr. rer. nat. W. Weltzien, Dipl.-Chem. P. Ringel
und Text.-Ing. H. Kirchhoff, Krefeld*
Die Waschechtheit von Färbungen. Vergleichende Untersuchungen auf dem Gebiete der Echtheitsprüfung
in Vorbereitung

HEFT 359
Dr.-Ing. F. J. Meister, Düsseldorf
Veränderung der Hörschärfe, Lautheitsempfindung und Sprachaufnahme während des Arbeitsprozesses bei Lärmarbeitern
in Vorbereitung

HEFT 360
Dr.-Ing. E. Barz, Remscheid
Fertigungsverfahren und Spannungsverlauf bei Kreissägeblättern für Holz
in Vorbereitung

HEFT 361
Dipl.-Ing. H. F. Klein, Aachen
Die nichtstationären Strömungsvorgänge und der Wärmeübergang in einem Schwingfeuergerät
in Vorbereitung

HEFT 362
*Prof. Dr. med. G. Lehmann und Dipl.-Phys.
D. Dieckmann, Dortmund*
Die Wirkung mechanischer Schwingungen (0,5 bis 100 Hertz) auf den Menschen
in Vorbereitung

WESTDEUTSCHER VERLAG · KÖLN UND OPLADEN

HEFT 363
Dr.-Ing. U. Domm, Frankenthal (Pfalz)
Über eine Hypothese, die den Mechanismus der Turbulenz-Entstehung betrifft
28 Seiten, 4 Abb., DM 6,45

HEFT 364
Prof. Dr. Th. Beste, Köln
Die Mehrkosten bei der Herstellung ungängiger Erzeugnisse im Vergleich zur Herstellung vereinheitlichter Erzeugnisse
in Vorbereitung

HEFT 365
Sozialforschungsstelle an der Universität Münster, Dortmund
Standort und Wohnort
in Vorbereitung

HEFT 366
Versuchsanstalt für Binnenschiffbau e. V., Duisburg
Bei Flachwasserfahrten durch die Strömungsverteilung am Boden und an den Seiten stattfindende Beeinflussung des Reibungswiderstandes von Schiffen
in Vorbereitung

HEFT 367
Dr. rer. nat. D. Horstmann, Düsseldorf
Der Angriff eisengesättigter Zinkschmelzen auf kohlenstoff-, schwefel- und phosphorhaltiges Eisen
in Vorbereitung

HEFT 368
Prof. Dr. phil. H. Kaiser, Dortmund
Entwicklung betriebsmäßiger spektrochemischer Analysenverfahren für technische Gläser
in Vorbereitung

HEFT 369
Prof. Dr.-Ing. R. Jaeckel und Dipl.-Phys. F. J. Schittko, Bonn
Gasabgabe von Werkstoffen ins Vakuum
in Vorbereitung

HEFT 370
Dr. phil. habil. F. Schwarz, Köln
Physikochemische Grundlagen der Bildsamkeit von Kalken unter Einbeziehung des Begriffes der aktiven Oberfläche
in Vorbereitung

HEFT 371
Dr. phil. W. Lejeune, Köln
Beitrag zur statistischen Verifikation der Minderheiten-Theorie
in Vorbereitung

HEFT 372
Prof. Dr. phil. M. von Stackelberg, Bonn
Untersuchungen zur Ausarbeitung und Verbesserung von polarographischen Analysenmethoden. 2. Bericht
in Vorbereitung

HEFT 373
Dipl.-Ing. H. J. Koch, Essen
Druckgasfeuerung — ein Verfahren zum Betrieb von Gasfeuerstätten
in Vorbereitung

HEFT 374
Dr. E. Paproth, Krefeld
Paläontologische Bearbeitung der in den devonischen Schichten des Siegerlandes enthaltenen Faunen
in Vorbereitung

HEFT 375
Technischer Überwachungsverein e. V., Essen
Wanddickenmessungen mittels radioaktiver Strahlen und Zählrohrgerät
in Vorbereitung

HEFT 376
Technischer Überwachungsverein e. V., Essen
Wasserumlaufprobleme an Hochdruckkesseln
in Vorbereitung

HEFT 377
Technischer Überwachungsverein e. V., Essen
Versuche an Wanderrostkesseln mit befeuchteter Verbrennungsluft
in Vorbereitung

HEFT 378
Oberingenieur H. Stein, M.-Gladbach
Beobachtung und maßtechnische Erfassung der Vorgänge im Spinn- und Aufwindefeld von Ringspinn- und Ringzwirnmaschinen
in Vorbereitung

HEFT 379
Laboratorium für textile Meßtechnik, M.-Gladbach
Schußfadenspannung beim Weben
in Vorbereitung

HEFT 380
Dipl.-Phys. R. Trappenberg, Karlsruhe
Theoretische und experimentelle Untersuchungen zur Staubverteilung einer Rauchfahne
in Vorbereitung

HEFT 381
Dr. J. Juils, Krefeld
Zur Dichtebestimmung von Fasern. Methoden und Beispiele der praktischen Anwendung
in Vorbereitung

HEFT 382
Dr. phil. habil. P. Hölemann, Ing. R. Hasselmann und Ing. G. Dix, Dortmund
Die Messung von Flammen und Detonationsgeschwindigkeiten bei der explosiven Zersetzung von Acetylen in Rohren
in Vorbereitung

HEFT 383
Dr. phil. habil. P. Hölemann und Ing. R. Hasselmann, Dortmund
Verlauf von Azetylenexplosionen in Rohren bei Gegenwart von porösen Massen
in Vorbereitung

HEFT 384
Prof. Dr.-Ing. H. Opitz, Aachen
Schwingungsuntersuchungen an Werkzeugmaschinen
in Vorbereitung

HEFT 385
Prof. Dr.-Ing. H. Opitz, Aachen
Zerspanbarkeit hochwarmfester und nichtrostender Stähle. Teil II
in Vorbereitung

HEFT 386
Prof. Dr.-Ing. H. Opitz, Aachen
Standzeituntersuchungen und Verschleißmessungen mit radioaktiven Isotopen
in Vorbereitung

HEFT 387
Prof. Dr. med. W. Kikuth und Dozent Dr. med. L. Grün, Düsseldorf
Die Verhütung von Infektion durch Desinfektion des Raumes und der Raumluft
in Vorbereitung

HEFT 388
Prof. Dr. rer. nat. habil. W. Baumeister und Dr. rer. nat. H. Burghardt, Münster
Die Bedeutung der Elemente Zink und Fluor für das Pflanzenwachstum
in Vorbereitung

HEFT 389
Prof. Dr.-Ing. habil. H. Fink und K. W. Hoppenhaus, Köln
Die biologische Eiweiß-Synthese von höheren und niederen Pilzen und die alimentäre Lebernekrose der Ratte
in Vorbereitung

HEFT 390
Dr.-Ing. J. Endres und Dr.-Ing. G. Hiebel, München
Berechnung der optimalen Leistungen, Kraftstoffverbräuche und Wirkungsgrade von Luftfahrt-Gasturbinen-Triebwerken am Boden und in der Höhe bei Fluggeschwindigkeiten von 0—2000 km/h und bei vorgegebenen Düsenausströmgeschwindigkeiten
in Vorbereitung

HEFT 391
Prof. Dr. phil. F. Wever, Dr. phil. W. Koch und Dipl.-Chem. F. Stricker, Düsseldorf
Die quantitative spektrographische Analyse von Gasgemischen aus Kohlenmonoxyd, Wasserstoff und Stickstoff
in Vorbereitung

HEFT 392
Prof. Dr. phil. F. Wever u. a., Düsseldorf
Untersuchungen über den Konverterrauch im Hinblick auf die spektrale Überwachung des Thomasprozesses
in Vorbereitung

HEFT 393
Dr.-Ing. O. Viertel und S. Brückner-Lucas, Krefeld
Arbeitszeitstudien an Haushaltwaschmaschinen
in Vorbereitung

HEFT 394
Privatdozent Dr. med. W. Koch, Münster
Die Ablagerung radioaktiver Substanzen im Knochen
in Vorbereitung

HEFT 395
Dipl.-Ing. L. Hahn, Clausthal-Zellerfeld
Untersuchungen zur Frage des optimalen Bohrloch- und Patronendurchmessers
in Vorbereitung

HEFT 396
Prof. Dr.-Ing. F. Schultz-Grunow, Dr.-Ing. A. Jogerich, Essen, Dipl.-Ing. H. Meyer, cand. ing. P. Sand, Aachen
Untersuchungen des Luftwiderstandes von Güterwagen
in Vorbereitung

HEFT 397
Techn.-Wissenschaftliches Büro für die Bastfaserindustrie, Bielefeld
Ungleichmäßigkeiten in Bändern von Bastfaserkarden, ihre Ursachen und Auswirkungen
in Vorbereitung

HEFT 398
Prof. Dr. habil. H. E. Schwiete, Aachen, u. a.
Einlagerungsversuche an synthetischem Mullit I. — Die Zusammensetzung der Schmelzphase in Schamottesteinen I
in Vorbereitung

HEFT 399
Prof. Dr. habil. H. E. Schwiete und Dr.-Ing. R. Vinkeloe, Aachen
Möglichkeiten der quantitativen Mineralanalyse mit dem Zählrohrgerät unter besonderer Berücksichtigung der Mineralgehaltsbestimmung von Tonen
in Vorbereitung

HEFT 400
Prof. Dr. phil. W. Fuchs und Dipl.-Chem. H. Weyerstrass, Aachen
Entwicklung eines Heißfilters zur Reinigung von Gichtgas eines mit Kohle betriebenen Niederschachtofens
in Vorbereitung

HEFT 401
Prof. Dr.-Ing. M. Lipp und Dipl.-Chem. G. Frielingsdorf, Aachen
Darstellung reaktionsfähiger Verbindungen des Camphansystems und Versuche zu deren Fluorierung
in Vorbereitung

HEFT 402
Prof. Dr. W. Linke, Aachen
Die Wärmeübertragung durch Thermopane-Fenster
in Vorbereitung

HEFT 403
Prof. Dr.-Ing. P. Denzel und Dipl.-Ing. W. Cremer Aachen
Verbesserung der Benutzungsdauer der Höchstlast in ländlichen Netzen durch Anwendung elektrischer Geräte in der Landwirtschaft
in Vorbereitung

HEFT 404
Prof. Dr. R. Jaeckel und Dipl.-Phys. F. Gross, Bonn
Die Löslichkeit von Gasen in schwerflüchtigen organischen Flüssigkeiten
in Vorbereitung

HEFT 405
Prof. Dr.-Ing. H. Opitz und Dipl.-Ing. H. Schuler, Aachen
Untersuchungen für einen Wirtschaftlichkeitsvergleich der Feinbearbeitungsverfahren
in Vorbereitung

HEFT 406
W. Kirsch, Remscheid
Entwicklungsarbeiten auf dem Gebiete des Korrosionsschutzes
in Vorbereitung

HEFT 407
Prof. Dr.-Ing. H. Schenk, Aachen und Dr.-Ing. W. Wenzel, Bad Godesberg
Entwicklungsarbeiten auf dem Gebiete der Verhüttung von Erzstaub in Schmelzkammern
in Vorbereitung

HEFT 408
Prof. Dr. phil. F. Wever, Dr.-Ing. W. Lueg und Dr.-Ing. H. G. Müller, Düsseldorf
Kraft- und Arbeitsbedarf beim Warmscheren von Stahl in Abhängigkeit von Temperatur und Schnittgeschwindigkeit
in Vorbereitung

WESTDEUTSCHER VERLAG · KÖLN UND OPLADEN

HEFT 409
Prof. Dr. phil. F. Wever, Dr. phil. W. Koch, Dr. rer. nat. Ch. Ilschner-Gensch und Dipl.-Phys. H. Rohde, Düsseldorf
Das Auftreten eines kubischen Nitrids in aluminiumlegierten Stählen
in Vorbereitung

HEFT 410
Prof. Dr. phil. F. Wever, Prof. Dr. rer. techn. A. Kochendörfer, Dr. phil. nat. M. Hempel, Düsseldorf und Dipl.-Phys. E. Hillenhagen, Köln
Biegewechselversuche mit Flachproben aus Alpha-Eisen-Einkristallen zur Bestimmung der Wechselfestigkeit und der Gleitspuren
in Vorbereitung

HEFT 411
Prof. Dr. W. Halbsguth und Dr. L. Sommer, Franfurt/M.
Grundlegende Versuche zur Keimungsphysiologie von Pilzsporen
in Vorbereitung

HEFT 412
Prof. Dr.-Ing. H. Opitz, Aachen
Kennwerte und Leistungsbedarf für Werkzeugmaschinengetriebe
in Vorbereitung

HEFT 413
Prof. Dr.-Ing. H. Opitz, Aachen
Richtwerte für das Fräsen von unlegierten und legierten Baustählen mit Hartmetall, Teil II
in Vorbereitung

HEFT 414
Dr. med. H. K. Parchwitz und Dr. med. C. Winkler, Bonn
Speicherung organischer Farbstoffe und künstlich radioaktiver Substanzen in Geschwülsten
in Vorbereitung

HEFT 415
Prof. Dr.-Ing. W. Paul, Dr. rer. nat. O. Osberghaus und Dipl.-Phys. E. Fischer, Bonn
Ein Ionenkäfig
in Vorbereitung

HEFT 416
Oberreg.-Gewerberat Dipl.-Ing. G. Steinicke, Hamburg
Die Wirkung von Lärm auf den Schlaf des Menschen
in Vorbereitung

HEFT 417
Prof. Dr.-Ing. habil. E. Rößger, Berlin
I. Teil: Die Entwicklung des Weltluftverkehrs, Ergänzungsbericht 1954
II. Teil: Die zivile Luftfahrtpolitik der USA
in Vorbereitung

HEFT 418
O. Gdaniec, Mülheim/Ruhr
Über die Randlochkarte als Hilfsmittel in der Dokumentation
in Vorbereitung

HEFT 419
K. Brooks
Die Messungen der Reflexionseigenschaften künstlicher und natürlicher Materialien mit quasi-optischen Methoden bei Mikrowellen
in Vorbereitung

HEFT 420
M. Vogel
Das Spektralgebiet zwischen dem langwelligen Ultrarot und Mikrowellen
in Vorbereitung

HEFT 421
ORR Dipl.-Volkswirt Dr. H. Rogmann, Düsseldorf
Die Erforschung der Verkehrskonjunktur und der langzeitigen Dynamik in der Verkehrswirtschaft (Zusammenfassung der eingegangenen Stellungnahmen und Vorschläge)
in Vorbereitung

WESTDEUTSCHER VERLAG · KÖLN UND OPLADEN

If you have any concerns about our products,
you can contact us on
ProductSafety@springernature.com

In case Publisher is established outside the EU,
the EU authorized representative is:
**Springer Nature Customer Service Center GmbH
Europaplatz 3, 69115 Heidelberg, Germany**

Printed by Libri Plureos GmbH
in Hamburg, Germany